清洁生产审核实用知识手册

杜　静　主　编
冯军会　副主编

中国环境科学出版社·北京

图书在版编目（CIP）数据

清洁生产审核实用知识手册/杜静主编. —北京：中国环境科学出版社，2009（2012.12 重印）

ISBN 978-7-5111-0083-2

Ⅰ. 清… Ⅱ. 杜… Ⅲ. 无污染工艺—审核—手册 Ⅳ. X383-62

中国版本图书馆 CIP 数据核字（2009）第 171124 号

责任编辑 任海燕　季苏园
责任校对 尹　芳
封面设计 龙文视觉·陈莹

出版发行 中国环境科学出版社
（100062　北京崇文区广渠门内大街 16 号）
网　　址：http://www.cesp.com.cn
联系电话：010-67112765（总编室）
发行热线：010-67125803
印　　刷 北京市联华印刷厂
经　　销 各地新华书店
版　　次 2009 年 10 月第 1 版
印　　次 2012 年 12 月第 2 次印刷
开　　本 880×1230　1/32
印　　张 6.5
字　　数 180 千字
定　　价 18.00 元

清洁生产——

实现可持续发展的最佳途径

姬振海

2009.7.31

编委会名单

编写人员名单

主　编：杜　静

副主编：冯军会

编　者：杜　静　冯军会　韩建山　冯建斌

闫　宁　王贵生　程　飞　柳领君

王　婷

序

人类与环境污染和生态破坏作斗争的历史可谓长矣，经验多教训更多。清洁生产是人类反思长期以来从这一斗争中获得的无数经验教训后总结提炼的一种全新的环境保护战略。清洁生产，其基本特征是对污染的源头控制、过程削减和全程管理；其精神本质是将污染消灭在产生之前；其核心思想是环境保护和经济发展双赢。

在相当长的一段历史时期里，包括农耕时代和工业革命后的许多年内，人类对于环境污染和生态破坏熟视无睹、听之任之，随着科学技术水平的飞速发展、获取资源和加工转化资源能力的提升，污染物排放达到空前的规模，人类才开始正视环境污染问题。但是，过去几十年里人类在治理污染的过程中采用了过分依赖末端治理的环保战略，走了一段弯路。正是以末端治理为主这一环保战略种种弊端的日益显现催生了清洁生产环保新战略。

环境保护问题，是治理环境污染问题，也是修复生态破坏问题，又是经济发展问题，归根结底是经济发展问题。我国正处于工业化中期或中后期，重化工还将持续地高速发展，当前的清洁生产水平不可避免地将在很大程度上决定未来一段时间的经济发展质量、技术和装备能力以及环境保护水平，决定我国的国际竞争能力。因此，我国现阶段抓紧抓好清洁生产具有特别重要的意义。

在这一形势下，河北省环保厅、河北省环境科学学会及时组织有关专家学者，从理论体系层面、实际操作层面和支撑知识层面多层次、多角度地对清洁生产和清洁生产审核的相关问题进行了系统的研究，并推出《清洁生产审核实用知识手册》一书，很有意义。作者不仅深入细致地讲解了清洁生产审核的七个步骤，在总结多年实际工作经验的基础上系统地分析了各个阶段审核所应注意的问题和要求，还结合国情介绍了我国实施清洁生产的原则、措施、支撑与保障条件，尤其可贵的是全面收集、整理和介绍了当前我国推行清洁生产的法律法规、政策和管理办法，填补了我国环保工作中急需填补的一个空白，令人欣慰。

该书通过一种问答的形式，追求一种简便的描述风格，让读者在轻松愉快的阅读中不仅学习了清洁生产的概念、过程和本质，还领悟了到它们之间的内在规律和演变过程，具有很好的可读性。

段　宁

2009 年 7 月 29 日

编者的话

清洁生产是一种战略、一种理念、一种思想。清洁生产在我国推进的实践证明，“这种战略”的实施使源头和全过程预防与控制成为环境保护的主流；“这种理念”引发了人们对生存与发展深层次关系的思考；科学、持续的发展“这种创新思想”改变了以往的思维方式和行为习惯。

清洁生产审核是推进清洁生产的有效工具，这是不争的事实。通过审核将清洁生产的推行具体化，将科学、持续的发展落实为行之有效的行动，行动过程中创新思想的应用又能够使企业获得环境保护和经济发展的“双赢”。清洁生产审核对“节能减排”“污染预防和控制”“企业技术进步”“环境友好企业的创建”等的作用，是清洁生产审核保持长久生命力的坚实基础。

在《中华人民共和国清洁生产促进法》实施六年之际，我们谨以此书献给那些常年工作在清洁生产一线的同仁。能够为从事清洁生产管理及清洁生产审核的同仁提供有效的帮助，是我们编写此书的目的。书中的问题与对策措施是我们对审核实践的总结。希望这本书在满足可读性、实用性的同时能够为清洁生产的推进和清洁生产审核的不断深入作出贡献。

由于作者水平有限，书中难免存在问题和缺憾，敬请赐教！

2009 年 5 月

目　录

第一章　清洁生产概述

1. 清洁生产的概念、产生背景与发展时段

（1）概念

联合国环境规划署工业与环境规划活动中心（UNEP IE/PAC）对清洁生产的定义：清洁生产是一种新的创造性思想，该思想将整体预防的环境战略持续应用于生产过程、产品和服务中，以增加生态效率和减少人类及环境的风险。对生产过程，要求节约原材料和能源，淘汰有毒原材料，削减所有废物的数量和毒性；对产品，要求减少从原材料提炼到产品最终处置的全生命周期的不利影响；对服务，要求将环境因素纳入设计和所提供的服务中。

2003 年 1 月 1 日实施的《中华人民共和国清洁生产促进法》第二条明确地给出了清洁生产的定义：不断采取改进设计、使用清洁的能源和原料、采用先进的工艺技术与设备、改善管理、综合利用等措施，从源头削减污染，提高资源利用效率，减少或者避免生产、服务和产品使用过程中污染物的产生和排放，以减轻或者消除对人类健康和环境的危害。

清洁生产是人们思想和观念的一种转变，是环境保护战略由被动反应向主动行动的一种转变。联合国环境规划署在总结了各国开展的污染预防活动并加以分析提高后，提出了清洁生产的定义，得到国际社会的普遍认可和接受。

以上两个定义，虽然语言表述不同，但其内涵一致。清洁生产（Cleaner Production，CP）的英文本意为“更清洁的生产”。清洁生产的实质，是贯彻污染预防原则，从生产设计、能源与原材料选用、

工艺技术与设备维护管理等社会生产和服务的各个环节实行全过程控制；从生产和服务源头减少资源的浪费、促进资源的循环利用、控制污染的产生、实现经济效益和环境效益的统一。此外，它是一个相对的概念，所谓清洁生产技术和工艺、清洁产品、清洁能源和原料都是同现有常规技术、工艺、产品、能源和原料相比较而言的。

（2）产生背景

环境问题一直伴随着人类文明的进程而存在，但从近代开始趋于严重，尤其是 20 世纪 70 年代以来，全球经济迅猛发展，随着科技与生产力水平的不断提高，人类干预自然的能力大大增强，社会财富也迅速膨胀，而环境污染却日益严重。世界上许多国家因经济高速发展造成了严重的环境污染和生态破坏，导致了一系列举世震惊的环境公害事件。80 年代后期，环境问题已由局部性、区域性发展成为全球性的生态危机，如酸雨、臭氧层破坏、温室效应（气候变暖）、生物多样性锐减、森林破坏等，成为危及人类生存的最大隐患。人们开始对过去的经济发展模式进行反思，并探索环境和经济可持续发展的新思路。

（3）发展时段

❖ 第一时段：污染预防、革新生产工艺

随着末端治理措施的广泛应用，人们发现末端治理并非解决环境污染的最佳选择。末端治理不仅需要投入大量的基础设施费用，而日常运行费用更成为企业的沉重负担。虽然人类为治理污染付出了高昂而沉重的代价，但收效却并不理想，因为末端治理并不能从根本上消除污染，只是使污染物在空间和时间上发生转移，从而导致环境的二次污染。

20 世纪 60 年代末，发达国家的一些企业相继尝试运用如“污染预防”“废物最小化”“减废技术”等方法和措施来提高生产过程中的资源利用效率、削减污染物以减轻企业因治理污染而带来的沉重负担和工业生产对环境和公众的危害。这些实践首先在欧美等发达国家推行并取得了良好的环境效益和经济效益，使人们逐渐认识到污染预防的重要性。

❖ 第二时段：明确“消除产生污染的根源”

1976 年，欧共体在巴黎“无废工艺和无废生产国际研讨会”上，提出“消除造成污染的根源”的思想。该思想明确指出，在自然界中一切污染物的产生根源都是因为人类不能有效利用资源，也就是我们常说的浪费。如原材料不能最大限度地转化成有效产品以及可回收物质未被回收利用等，这些被废弃掉的物质就造成了环境污染和生态紊乱。还有一些企业在生产过程中不产生污染物，但从全生命周期对环境的影响来讲是不容忽视的。如用电过程本身不产生污染物，但火力发电过程却能产生大量的烟尘、SO_2、氮氧化物等污染物。因此，从整个社会来讲，充分有效地利用资源和能源、防止浪费是减少污染物产生的最有效方式，所以我们说“节约的就是最绿色的”。

在本阶段，清洁生产已经发展到关注产品整个生命过程的各个环节，它包括产品设计—原料采购—加工过程—包装—库存—销售—售后服务—产品使用—报废处置。

❖ 第三时段：清洁生产在全球范围内的推进

清洁生产是国际社会在总结工业污染治理经验教训的基础上提出的一种新型的污染预防和控制战略，随着清洁生产实践的不断深入，其定义一再更新，其内容又逐步扩展到服务业、农业以及产品、消费等方面，其原则和方法已经融入环境保护和经济发展的各个方面，不仅广泛应用于废水、废气、固体废物的污染防治，而且还延伸到技术改造、生产管理、产品结构调整、环保产业、环境贸易和法制建设等领域，并开始了对“生态工业园区”“循环经济”及“循环社会”的探索和尝试。

1989 年 5 月，联合国环境规划署工业与环境规划活动中心（UNEP IE/PAC）根据联合国环境规划署（UNEP）理事会决议制订了“清洁生产计划”，旨在全球范围内推进清洁生产。

你知道吗

怎么理解环境问题

概念：由于人类活动作用于周围环境所引起的环境质量变化，以及这种变化对人类的生产、生活和健康造成的影响。人类在改造自然环境和创建社会环境的过程中，自然环境仍以其固有的自然规律变化着；社会环境一方面受自然环境的制约，另一方面也以其固有的规律运动着。人类与环境不断地相互影响和作用，产生环境问题。

环境问题分类：一类是自然演变和自然灾害引起的原生环境问题，也叫第一环境问题。如地震、洪涝、干旱、台风、崩塌、滑坡、泥石流等；另一类是人类活动引起的次生环境问题，也叫第二环境问题、公害。次生环境问题一般又分为环境污染和环境破坏两大类。如乱砍滥伐引起的森林植被的破坏、过度放牧引起的草原退化、大面积开垦草原引起的沙漠化和土地沙化、工业生产造成大气和水环境恶化等。

当前世界的环境问题：环境污染出现了范围扩大、难以防范、危害严重等特点，自然环境和自然资源难以承受高速工业化、人口剧增和城市化的巨大压力，世界自然灾害显著增加。

环境污染源主要有以下几方面：

（1）工厂排出的废烟、废气、废水、废渣和噪声；

（2）人们日常生活中排出的废烟、废气、噪声、污水、垃圾；

（3）交通工具（所有的燃油车辆、轮船、飞机等）排出的废气和噪声；

（4）大量使用化肥、杀虫剂、除草剂等化学物质造成的土壤、水体污染；

（5）矿山开采过程中产生的废水、废渣。

2．国际社会推行清洁生产概况

面对环境污染日益严重、资源日趋短缺的局面，工业发达国家在对其经济发展过程进行反思的基础上，认识到必须改变长期沿用的大量消耗资源和能源来推动经济增长的发展模式。在清洁生产的推行工作中，不同国家在不同阶段对开展清洁生产活动的称呼不尽相同，但其目的是一致的。

联合国工业发展组织在 20 世纪 80 年代初就提出了将环境保护纳入该组织工作内容，而后成立了国际清洁工艺协会，鼓励采用清洁工艺，提高资源、能源的转化率，减少使用有毒、有害原材料，少排或不排废物。联合国环境规划署在 1992 年 10 月召开了“巴黎清洁生产部长级会议和高级研讨会”，指出清洁生产是实现持续发展的关键因素，它既能避免排放废物带来的风险和处理、处置费用的增长，还会因提高资源利用率、降低产品成本而获得巨大的经济效益。会议还制订了推行清洁生产的计划与行动措施，有力地促进了世界各国清洁生产的开展与实施。

美国国会 1984 年通过《资源保护与回收法——有害和固体废物修正案》，提出“废物最小化”政策。1990 年 10 月，美国国会通过《污染预防法》，正式宣布污染预防是美国的国策，在国家层次上通过立法手段确认了污染的“源削减”政策。这是工业污染控制战略的一个根本性变革，在世界上引起了强烈的反响。

1987 年瑞典引入了美国的废物最小化评估方法。随后，荷兰、丹麦和奥地利等国也相继开展了清洁生产。

1991 年，加拿大成立了全国污染预防办公室，目的是与工业企业共同推进最大限度地从源头削减污染物的产生与排放，先后有 100 多家公司同意参加自愿减少或消除使用有毒化学品的项目。加拿大自 1996 年起还制定了为期三年的“绿色洗衣项目”，目的是设法减少并尽可能消除氯代溶剂尤其是四氯乙烯的使用。

1992 年，澳大利亚制订了“国家清洁生产计划”，并于 1993 年率先在汽车工业、玻璃工业、印刷工业和塑料工业等领域进行了清洁生产试点和示范。

在联合国有关组织的资助和指导下，发展中国家中的印度、泰国等国在清洁生产方面也取得了积极进展。1992 年，泰国政府通过了新的环境立法并对以前的法律进行了修正，颁布了新的《公共健康法》，修改了《国家清洁和秩序法》。1993 年印度在草浆造纸、纺织印染、农药加工等行业实施了企业废物削减示范工程。

3. 我国清洁生产的发展阶段及现状

（1）发展阶段

国家清洁生产中心段宁主任将我国清洁生产的发展概括为三个阶段。

第一阶段，清洁生产引进消化阶段（1989—1992 年）。1989 年，联合国环境规划署提出推行清洁生产的行动计划后，清洁生产的理念和方法开始引入我国，有关部门和单位开始研究如何在我国推行清洁生产。1992 年 8 月，国务院制定了《环境与发展十大对策》，提出“新建、改建、扩建项目时，技术起点要高，尽量采用能耗物耗小、污染物排放量少的清洁生产工艺”。清洁生产成为解决我国环境与发展问题的对策之一。

第二阶段，清洁生产立法阶段（1993—2002 年）。在《中华人民共和国节约能源法》《中华人民共和国大气污染防治法》《中华人民共和国环境噪声污染防治法》和《中华人民共和国固体废物污染环境防治法》等法律中都增加了清洁生产方面的内容。2002 年 6 月 29 日，在这些法律的基础上，九届全国人大常委会第 28 次会议审议通过了《中华人民共和国清洁生产促进法》，该法是我国第一部以污染预防为主要内容的专门法律，是我国全面推行清洁生产的新里程碑，标志着我国清洁生产步入了法制化轨道。

第三阶段，清洁生产有章可循阶段（2003 年至今）。国家发展和改革委员会与原国家环境保护总局于 2004 年 8 月 16 日制定并审议通过了《清洁生产审核暂行办法》，首次提出了“强制性清洁生产审核”。原国家环保总局于 2005 年 12 月 13 日出台了《重点企业清洁生产审核程序的规定》，重点指出了需要进行强制性清洁生产审核的工作程序和要求，这是清洁生产制度化、法律化至关重要的一步。

为了充分发挥清洁生产对完成“十一五”污染物减排目标的促进作用，深入推进全国重点企业清洁生产工作的开展，中华人民共和国环境保护部于 2008 年 7 月 1 日下发了《关于进一步加强重点企业清洁生产审核工作的通知》，对清洁生产审核评估、验收作了规定。这些文件的出台，把《中华人民共和国清洁生产促进法》落实为可操作性的规章制度，使得我国清洁生产工作的开展有章可循。

（2）现状

2004 年国家制定《清洁生产审核暂行办法》后，清洁生产审核工作取得了很大的进展。仅从 2004 年至 2007 年，全国就在纺织、化工、钢铁、电力、有色、建材、酿酒等二十几个行业开展了 7 624 家企业的清洁生产审核，其中重点企业强制性清洁生产审核 2 977 家、完成验收 3 273 家、提出清洁生产方案达 12 万个（其中实施的方案 10.2 万个）。据统计，这 4 年全国清洁生产方案资金投入总计约为 232.8 亿元。虽然我国在清洁生产审核方面取得了一系列进展，但也存在着这样那样的问题，特别是在清洁生产审核质量上，有些企业对清洁生产认识不清，清洁生产审核工作只是走过场；有的清洁生产审核咨询机构业务能力有限，或者对企业不负责任，提出的清洁生产方案不合理、不科学，不按照规定内容、程序进行清洁生产审核，甚至套用其他企业的清洁生产审核报告。对清洁生产审核的监督和管理，尚需政府主管部门不断建立和完善体制，用规范、系统的监管体系来促进我国清洁生产工作健康稳定发展。可以说，我国清洁生产工作任重道远。

4.《中华人民共和国清洁生产促进法》适用于哪些领域

《中华人民共和国清洁生产促进法》的适用领域，与清洁生产本身的适用领域密切相关，其所给定的适用领域，既参考了联合国环境规划署清洁生产定义中有关清洁生产的适用范围，也结合了中国的国情。

《中华人民共和国清洁生产促进法》第三条规定：“在中华人民共

和国领域内，从事生产和服务活动的单位以及从事相关管理活动的部门依照本法规定，组织、实施清洁生产。”也就是说，适用领域包括两个方面：一是全部生产和服务领域的单位，二是从事相关管理活动的部门。适用范围之所以包括全部生产和服务领域，主要原因有以下几点考虑：一是目前国内外对清洁生产的认识已经突破了传统的工业生产领域，农业、建筑业、服务业等领域也已开始推行清洁生产，并取得了不小的成绩，积累了有益的经验；二是法律规定的政府责任，是以支持、鼓励为主，从这一角度出发，清洁生产的范围宜宽不宜窄，以免使一些领域开展的清洁生产得不到国家的政策优惠或资金支持；三是推行清洁生产是一个持续的过程，法律应当为未来的发展留有空间，如果范围规定过窄，对今后推行清洁生产不利。

考虑到法律的可操作性，从我国的国情出发，《中华人民共和国清洁生产促进法》对工业领域推行和实施清洁生产作了具体规定，而对农业、建筑业、服务业等领域实施清洁生产则提出了原则要求。这样的规定，既满足了当前工业领域推行清洁生产的迫切需要，又为今后在其他领域推行清洁生产提供了法律依据，既突出了重点又兼顾了全面。

农业领域推行清洁生产的实质是在农业生产全过程中，通过生产和使用对环境友好的“绿色”农用化学品，或非化学品，减少农业污染的产生，降低农业生产及其产品和服务过程对环境和人类健康的风险。

服务业的清洁生产也得到越来越多的重视。例如，旅游业清洁生产的重点是提高旅游资源的利用效率和保护环境。又如，在政府服务过程中，如何减少资源和能源的消耗，减少服务活动对环境的不利影响，具体体现在节能、节水以及办公用品的重复利用等方面，这是政府服务中实施清洁生产的重要内容。

5. 推行清洁生产有哪些财政政策

财政政策是世界各国推行清洁生产的重要手段。通常采用优先采购、补贴或奖金、贷款、贷款加补贴的形式鼓励企业实施清洁生产计划和节约能源项目。在推行清洁生产中可以采取的财政政策主要有：

（1）各级政府应优先采购或按国家规定比例采购节能、节水、废物再生利用等有利于环境与资源保护的产品，并应通过宣传、教育等措施，鼓励公众购买和使用这些产品；

（2）建立清洁生产表彰奖励制度。对在清洁生产工作中作出显著成绩的单位和个人，由人民政府给予表彰和奖励；

（3）国务院和县级以上地方人民政府应当在本级财政中安排资金，对从事清洁生产研究、示范和培训，实施国家清洁生产重点技术改造项目和自愿削减污染物的符合规定的技术改造项目给予资金补助；

（4）县级以上政府应当鼓励和支持国内外经济组织通过金融市场、政府拨款、环境保护补助资金、社会捐款等渠道依法筹集中小企业清洁生产投资基金，开展清洁生产审核以及实施清洁生产的中小型企业，可以向投资基金经营管理机构申请低息或无息贷款；

（5）列入国家重点污染防治和生态保护的项目，国家给予资金支持，市级政府可将城市维护费用于环境保护设施建设，国家征收的排污费必须用于污染防治；

（6）企业用于清洁生产审核和培训的费用，列入企业经营成本。

6. 推行清洁生产有哪些税收政策

我国为加大环境保护工作的力度制定了一系列的环保税收优惠政策。在推行清洁生产过程中，企业可充分利用这些优惠政策，主要有：

（1）所得税优惠：对利用废水、废气、废渣等废弃物作为原料进行生产的，在 5 年内减征或免征所得税；

（2）增值税优惠：对利用废物生产产品和从废物中回收原料的，税务机关按照国家有关规定，减征或者免征增值税，如对以煤矸石、粉煤灰和其他废渣为原料生产的建材产品，以及利用废液、废渣提炼黄金、白银等免征增值税；

你知道吗

每回收一吨废纸

每回收一吨废纸，可造好纸 0.85 t、节省木材 3 m^3、节省碱 300 kg，比等量生产好纸减少污染 74%。每生产一吨纸所消耗的能源相当于生产一吨钢铁的能耗。为使废纸更好地回收利用，我们建议：采用无纸化办公；办公用纸采用正反面；餐巾纸、纸巾、便笺、信纸不敞开供应，一人一份，需要再给；尽量用可多次使用的口布、小毛巾；更多地使用手帕，减少一次性手巾消费量。据统计，我国现在平均每 10 人年消费手帕不足一条，取而代之的是大量的一次性纸巾消费。从有关造纸厂获悉，用 1.25 t 文化用废纸做原料，可生产一吨再生办公纸，按国际标准计，可节约 4 m^3 木材、100 m^3 水、600 kW·h 电、1.2 t 煤、300 kg 化工原料、用于处理废渣的资金 150 元，同时可节约用于填埋废渣的用地，避免了因填埋废渣造成对周边地下水的污染，还少产生 3 立方码（1 立方码=0.764 6 m^3）固体废物、60 磅工业废气。若按我国标准计，节约得将更多，以该厂年产 50 000 t 再生纸计，可节水 500×10^4 m^3、木材 20×10^4 m^3。

另外，利用回收纤维造纸，可以大大减少林木、水、电消耗和污染物排放。据专家介绍，回收一吨废纸能生产 0.8 t 再生造纸纤维，可以少砍 17 棵大树，节省 3 m^3 的垃圾填埋场空间；在国外，废纸被称为城市中的森林资源，因为无论是废旧的报纸、书刊纸、办公用纸，还是牛皮纸、纸匣、瓦楞纸等，都是宝贵的纤维原料。用废纸造纸，能耗低、环保处理费低、单位原料成本低，在我国用废纸配抄生产的新闻纸，比用原生木浆生产成本降低 300 元/t，还可减少环境污染，因此人们把利用回收纤维生产的纸和纸板称为绿色产品，以废纸为资源使节约和环保双赢。

（3）建筑税优惠：建设污染源治理项目，在可以申请优惠贷款的同时，该项目免交建筑税；

（4）关税优惠：对城市污水和造纸废水部分处理设备等实行进口商品暂定税率，享受关税优惠；

（5）消费税优惠：对生产、销售达到低污染排放限值标准的小轿车、越野车和小客车减征 30%的消费税。

以上各税收减免优惠，需按有关规定进行申报和审批。

7. 国家推行清洁生产的有关政策文件

2003 年以来，国家有关清洁生产的部分重要规定：

（1）2003 年 1 月 1 日《中华人民共和国清洁生产促进法》正式实施，标志着我国推行清洁生产纳入了法制化和规范化管理的轨道；

（2）国务院办公厅印发了国家发展和改革委员会等部门《关于加快推行清洁生产意见的通知》（国办发［2003］100 号）；

（3）原国家环境保护总局印发了《关于贯彻落实〈清洁生产促进法〉的若干意见》（环发［2003］60 号）；

（4）为全面推行清洁生产，规范清洁生产审核行为，根据《中华人民共和国清洁生产促进法》和国务院有关部门的职责分工，2004 年 8 月 16 日国家发展和改革委员会、原国家环境保护总局制定并审议通过了《清洁生产审核暂行办法》（国家发展和改革委员会、国家环境保护总局第 16 号令），自 2004 年 10 月 1 日起施行；

（5）2005 年原国家环境保护总局印发了《重点企业清洁生产审核程序的规定》（环发［2005］151 号），这标志着强制性清洁生产审核被纳入了全国环境管理工作范围，带动了清洁生产各项工作的全面推进；

（6）2005 年 12 月 3 日，《国务院关于落实科学发展观 加强环境保护的决定》中明确提出“实行清洁生产并依法强制审核”的要求，把强制性清洁生产审核摆在了更加重要的位置；

（7）2007 年 6 月 3 日，国务院下发的《节能减排综合性工作方案》明确提出要加大实施清洁生产审核力度，并将强制性清洁生产审核的范围扩大到没有完成节能减排任务的企业；

（8）2008 年 7 月 1 日，国家环境保护部发布的《关于进一步加强重点企业清洁生产审核工作的通知》（环发［2008］60 号）中提出，各地可根据污染减排工作的需要，将国家、省级环保部门确定的污染减排重点污染源企业纳入强制性清洁生产审核范围。该文件还明确了环保部门在重点企业清洁生产审核工作中的职责和作用，同时也给出了重点企业清洁生产审核评估、验收的实施指南，是环保部门在今后一段时期内开展清洁生产工作的指导性文件，各省、市重点企业的清洁生产审核工作都应按照文件的要求逐条贯彻落实；

（9）在此期间，各省、自治区、直辖市、新疆生产建设兵团还根据国家有关要求陆续出台了有关地方的一些具体要求。

8．国家推行清洁生产的有关技术支撑体系

（1）中华人民共和国环境保护行业标准（该标准自 2003 年开始陆续颁布和实施）：

2003—2006 年底，共颁布了 18 个行业的清洁生产标准；到 2007 年底颁布的行业清洁生产标准已达 27 个；至 2008 年底已颁布的行业清洁生产标准共计 42 个。

（2）淘汰落后生产能力、工艺和产品的目录：

第一批，国家经济贸易委员会令 第 6 号，1999 年，共 114 项；

第二批，国家经济贸易委员会令 第 16 号，1999 年，共 119 项；

第三批，国家经济贸易委员会令 第 32 号，2002 年，共 120 项。

（3）国家重点行业清洁生产技术导向目录：

第一批，国经贸资源［2000］137 号，共 57 项；

第二批，国家经济贸易委员会、国家环境保护总局 2003 年第 21 号，共 56 项；

第三批，国家发展和改革委员会、国家环境保护总局 2006 年

第 86 号，共 28 项。

9．清洁生产包含哪些内容

清洁生产的主要内容通常通过以下三个方面来表述：

（1）清洁及高效的能源和原材料利用

利用清洁的能源，加速以节能为重点的技术进步和技术改造，提高能源和原材料的利用效率。

（2）清洁的生产过程

尽量少用和不用有毒有害的原料；采用无毒无害的中间产品；选用少废、无废工艺和高效设备；尽量减少生产过程中的各种危险性因素，如高温、高压、低温、低压、易燃、易爆、强噪声、强振动等；采用可靠和简单的生产操作和控制方法；对物料进行内部或外部循环利用；完善生产管理，不断提高科学管理水平；在生产过程中实现最少的能量消耗，从能源利用的途径降低生产的驱动过程对环境的影响。

（3）清洁的产品

产品设计应考虑节约原材料和能源，少用昂贵和稀缺的原料；利用二次资源做原料；产品在使用过程中以及使用后不会危害人体健康和生态环境；产品的包装合理；产品使用后易于回收、重复使用和再生；使用寿命和使用功能合理；消费后易处置、易降解。

清洁生产要求两个“全过程”控制：

❖ 产品的生命周期全过程控制。即从原材料加工、提炼到产品产出、产品使用直到报废处置的各个环节采取必要的措施，实现产品整个生命周期资源和能源消耗的最小化。

❖ 生产的全过程控制。即从产品开发、规划、设计、建设、生产到运营管理的全过程，采取措施，提高效率，防止生态破坏和污染的发生。

清洁生产的最大特点是持续不断地改进。清洁生产是一个相对的、动态的概念。所谓清洁的工艺技术、生产过程和清洁产品是和现有的工艺和产品相比较而言的。推行清洁生产，本身是一个不断完善的过程，随着社会经济发展和科学技术的进步，需要适时地提出新的目标，争取达到更高的水平。

10. 清洁生产的目标

清洁生产的基本目标就是提高资源利用效率，减少和避免污染物的产生，保护和改善环境，保障人体健康，促进经济与社会的可持续发展。对企业而言，清洁生产的目标就是通过开展清洁生产，实现“节能、降耗、减污、增效”。

11. 建立清洁生产标准体系的意义与作用

（1）意义

- ❖ 清洁生产标准体系的建立，明确了生产全过程控制的主要内容和目标，可以使企业和管理部门对清洁生产的实际效果和管理目标具体化，把清洁生产由过去笼统模糊的概念转化为直观的可操作、可检查、可对比的具体内容，对提高清洁生产发展水平，促进清洁生产全面发展具有重要的指导意义。
- ❖ 清洁生产标准体系的建立，弥补了当前环境标准侧重于末端控制，忽视了全过程控制的弊端，实现了过程控制与末端控制的有机结合，极大地丰富了我国的环境标准体系。
- ❖ 清洁生产标准体系的建立，适应了环境管理由末端控制向过程控制的转变。末端控制主要是通过环境标准的实施来实现的，生产全过程控制则需要清洁生产标准的实施来体现。

（2）作用

- ❖ 清洁生产行业标准是企业进行清洁生产审核的依据，是评价企业清洁生产水平的准则，也是寻找企业清洁生产潜力的工具；

❖ 清洁生产行业标准可以作为企业确定清洁生产近期目标和持续开展清洁生产长远目标的参照；

❖ 清洁生产行业标准是对企业进行清洁生产审核评估的依据，也可以成为企业清洁生产绩效公告的依据。

12. 建立清洁生产标准体系的原则

（1）过程控制与末端控制相结合的原则。现行的环境标准主要是控制污染物的排放，而清洁生产的标准主要是控制生产过程污染物的产生，使之在尽可能地减少到最低水平的前提下，再进行末端治理。因此，在制定清洁生产标准时，必须涉及生产工艺的整个过程和每一个生产环节，使每个生产环节都有明确的控制目标和要求。

（2）技术措施和管理措施相结合的原则。实现清洁生产的途径，除了技术措施，还必须有管理措施。因此，清洁生产的行业标准，必须体现技术措施和管理措施并重，既要有具体的技术指标，也要有明确的管理要求。

（3）总量控制原则。单纯的浓度控制不利于污染总量的削减，清洁生产标准必须立足于污染物总量控制，注重引导物耗能耗的降低，单位产品或产值污染物产生量的降低和废物的再生循环利用，以最低的经济成本和环境成本换取最大的经济效益。

（4）突出可实施性原则。在生产过程中涉及清洁生产的环节很多，若清洁生产标准重点不突出，将导致标准的复杂化和难以实施。因此，制定清洁生产行业标准必须抓住生产过程的关键环节和重点环节，控制对清洁生产影响大的环节，突出重点，在控制指标的取舍上也应抓重点，尽可能舍弃与清洁生产无关或关系不密切的指标，而且所设定的指标项应便于数据采集、测定和计算，范围明确清晰，可操作性强。

（5）高起点，持续改进原则。清洁生产要求企业在必须达到现有的环境标准基础上能够实现更高的环境要求和目标，同时清洁生产又是一个持续改进的过程，必须比现行的环境标准要求更严，以引导企业向更高的要求发展，还要根据不同水平的情况提出不同的清洁生产要求，以便企业根据自己的具体情况选择不同的清洁生产目标进行持续性改进。

（6）定量和定性相结合的原则。清洁生产标准应尽可能定量化，但对一些管理方面的指标不能定量时，也可采用定性指标。无论定性还是定量指标，都要力求科学、合理、实用、可行。

根据上述原则，清洁生产评价指标应能覆盖原材料、生产过程和产品的各个主要环节，尤其对生产过程，既要考虑对资源的使用，又要考虑污染物的产生。下面给出了一个参照（原材料、资源能源消耗指标，产品指标，综合利用指标，污染物产生指标）例子。

（1）原材料、资源能源消耗指标

原材料指标应能体现原材料的获取、加工、使用等各方面对环境的综合影响，因而可从毒性、生态影响、可再生性、能源强度以及可回收利用性这五个方面建立指标。

①毒性。原材料所含毒性成分对环境造成的影响程度。

②生态影响。原料取得过程中的生态影响程度。例如，露天采矿就比矿井采矿的生态影响大。

③可再生性。原材料可再生或可能再生的程度。例如，矿物燃料的可再生性就很差，而麦草浆的原料麦草，其可再生性就较好。

④能源强度。原材料在采掘和生产过程中消耗能源的程度。例如，铝的能源强度就比铁高，因为铝的炼制过程需要消耗更多的能源。

⑤可回收利用性。原材料的可回收利用程度。例如，金属材料的可回收利用性比较好，而许多有机原料（如酿酒的大米）则几乎不能回收利用。

（2）产品指标

对产品的要求是清洁生产的一项重要内容，因为产品的销售、使用过程以及报废后的处理处置均会对环境产生影响，有些影响是长期的，甚至是难以恢复的。此外，应考虑产品的寿命优化，因为这也影响到产品的利用效率。

①销售。在产品的销售过程中，即从工厂运送到零售商和用户过程中对环境可能造成的影响程度。

②使用。产品在使用期内可能对环境造成的影响程度。

③寿命优化。在多数情况下产品的寿命越长越好，因为可以减少对生产该种产品的物料的需求。但有时并不尽然，例如，某一高耗能产品的寿命越长则总能耗越大，随着技术进步有可能产生同样功能的低耗能产品，而这种节能产生的环境效益有时会超过节省物料的环境效益，在这种情况下，产品的寿命越长对环境的危害越大。寿命优化就是要使产品的技术寿命（指产品的功能保持良好的时间）、美学寿命（指产品对用户具有吸引力的时间）和初设寿命处于优化状态。

④报废。产品报废后对环境的影响程度。

（3）综合利用指标

在正常的操作情况下，生产单位产品对资源的消耗程度可以部分地反映一个企业的技术工艺和管理水平，即反映生产过程的状况。从清洁生产的角度看，资源指标的高低同时也反映企业的生产过程在宏观上对生态系统的影响程度。因为在同等条件下，资源消耗量越高，则对环境的影响越大。资源指标可以由单位产品的新鲜水耗量、单位产品的能耗和单位产品的物耗来表达。

①单位产品新鲜水耗量。在正常的操作下，生产单位产品整个工艺使用的新鲜水（不包括回用水）。

②单位产品的能耗。在正常的操作下，生产单位产品的电耗、油耗和煤耗等。

③单位产品的物耗。在正常的操作下，生产单位产品消耗的构成产品的主要原料和对产品起决定性作用的辅料量。

（4）污染物产生指标

除资源（消耗）指标外，另一类能反映生产过程状况的指标便是污染物产生指标，污染物产生指标较高，说明工艺比较落后或管理水平较低。通常情况下，污染物产生指标分三类，即废水产生指标、废气产生指标和固体废物产生指标。

你知道吗

我国大气环境

空气环境现状：二氧化硫排放量居世界第一，碳排放居世界第二。4 亿多城市人口呼吸不到干净的空气，其中 1/3 的城市空气是严重污染。世界空气污染最严重的 20 个城市中，中国占了 16 个，一多半的城市空气不达标，1/3 的国土被酸雨覆盖，"逢水必污、逢河必干、逢雨必酸"。二氧化硫每年的环境容量是 1 200 万 t，近年其年排量在 2 500 万 t 左右。大气污染 90%来自工业，工业中污染的 70%来自火电。中国的能源结构 85%依靠燃煤。

面临最严峻问题：二氧化碳的排放。世界 300 多个环境公约，中国加入了 50 个。以《京都议定书》为例，美国虽然没有加入，但是订出一个削减的计划，又订出一个新能源替代发展计划，估计会马上见效好转，可能在五年内有一个巨大的转变。也就是说美国从碳排放全世界第一会变成第二，中国将迎头赶上变成第一。我们变成第一是因为我们的燃煤结构。我们现在非常庆幸美国是第一，何况我们作为发展中国家在第一、第二阶段没有削减任务。但到第三阶段即到 2015 年，我们也必须削减的时候，正赶上是全世界第一，我们将成为全世界关注的热点。世界银行做了一个统计，说空气污染造成的一系列损失几年内将达到我们 GDP 的 13%。可能估计得稍高一些，但确实表明我们必将回头支付巨大的治理成本，而这些治理成本很可能抵消我们取得的经济成果。（以上摘自潘岳 2006 年 12 月 12 日，第一次全国环境政策法制工作会议讲话）

①废水产生指标。废水产生指标首先要考虑的是单位产品的废水产生量，因为该项指标最能反映废水产生的总体情况。但是，许多情况下单纯的废水量并不能完全代表产污状况，因为废水中所含

的污染物量的差异也是生产状况的一种直接反映。因而对废水产生指标又可细分为两类，即单位产品废水产生量指标和单位产品主要水污染物产生量指标。

②废气产生指标。废气产生指标和废水产生指标类似，也可细分为单位产品废气产生量指标和单位产品主要大气污染物产生量指标。

③固体废物产生指标。对于固体废物产生指标，可简单地定义为单位产品主要固体废物产生量。

13．清洁生产与可持续发展的关系

联合国环境规划署把可持续发展定义为“满足当前需要而又不削弱子孙后代满足其需要之能力的发展”。

可持续发展（Sustainable Development）理论的形成经过了相当长的历史过程。20 世纪 50—60 年代，人们在经济飞速增长、工业化、城市化等所造成的人口、资源的压力下，对“增长=发展”的模式产生了怀疑。1987 年，联合国世界环境与发展委员会发表了《我们共同的未来》的报告，提出了“可持续发展”的概念。在 1992 年的联合国环境与发展大会上，“可持续发展”理念得到与会者的认同，“可持续发展”思想也随着这一词语迅速传遍各国，渗透到经济、社会生活的诸多领域。

根据中国的具体国情，我国对可持续发展的认识和理解，主要强调以下几个方面：

（1）可持续发展的核心是发展。从历史的经验和教训出发，中国把发展经济放在了首位。无论是社会生产力的提高、综合国力的增强，还是资源的有效利用、环境和生态的保护，都依赖于经济发展和物质基础。

（2）可持续发展的重要标志是资源的永续利用和良好的生态环境。因此，中国把环境保护作为一项战略任务和基本国策。

（3）可持续发展要求既要考虑当前发展的需要，又要考虑未来发展的需要，不以牺牲后代人的利益为代价。中国现阶段实施可持续发展战略的实质，是要开创一种新的发展模式，实现经济体制由计划经济向社会主义市场经济体制转变和经济增长方式由粗放型向集约型转变，使国民经济和社会发展逐步走上良性循环的道路。

（4）实施可持续发展战略必须转变思想观念和行为规范。要正确认识和对待人与自然的关系，用可持续发展的新思想、新观点、新知识，改变人们传统的不可持续发展的生产方式、消费方式、思维方式，从整体上转变人们的观念和行为规范。

清洁生产是人类总结工业发展历史经验教训的产物。二十多年来，全球的研究和实践充分证明了清洁生产是有效利用资源、减少工业污染、保护环境的根本措施。它作为预防性的环境管理战略，已被世界各国公认为实现可持续发展的技术手段和工具，是可持续发展的一项基本途径，是可持续发展战略引导下的一场新的工业革命，是 21 世纪工业生产发展的主要方向，是现代工业发展的基本模式和现代工业文明的重要标志。联合国环境规划署将清洁生产从四个层次上形象地概括为技术改造的推动者、改善企业管理的催化剂、工业运行模式的革新者、连接工业化和可持续发展的桥梁。

14. 清洁生产与循环经济的关系

（1）清洁生产与循环经济的联系

①两个概念的提出都基于相同的时代要求。工业社会由于以指数增长方式无情地剥夺自然，已经造成全球环境恶化，资源日趋耗竭。在可持续发展战略思想的指导下，1989 年联合国环境规划署制订了《清洁生产计划》，在全世界推行清洁生产。1996 年德国颁布了《循环经济与废物管理法》，提倡在资源循环利用的基础上发展经济。二者都是在协调经济发展与环境资源之间矛盾的大背景下提出的。

我国的生态脆弱性远比世界平均水平严重，人口趋向高峰，耕地减少、用水紧张、粮食缺口、能源短缺、大气污染加剧、矿产资源不足等不可持续因素造成的压力将进一步增加，其中有些因素将逼近其极限值。面对名副其实的生存威胁，推行清洁生产和循环经济是克服我国可持续发展“瓶颈”的唯一选择。

②二者均以工业生态学作为理论基础。工业生态学为经济-生态的一体化提供了思路和工具，循环经济和清洁生产同属于工业生态学大框架中的主要组成部分。工业生态学又可称为产业生态学，以生态学的理论观点研究工业活动与生态环境的相互关系，考察人类社会从取自环境到返回环境的物质转化全过程，探索实现工业生态化的途径。经济系统不单受社会规律的支配，更受到自然生态规律的制约。为了谋求社会和自然的和谐共存、技术圈和生物圈的兼容，唯一的解决途径，就是使经济活动在一定程度上仿效生态系统的结构原则和运行规律，最终实现经济的生态化。

③有共同的目标和实现途径。虽然清洁生产在产生之初，着重点为预防污染，在其内涵中除包括实现不同层次上的物料再循环外，还包括减少有毒有害原材料的使用，削减废料及污染物的产生和排放以及节约能源等要求，与循环经济主要着眼于实现自然资源，特别是不可再生资源的再循环的目标是完全一致的。

从实现途径来看，循环经济和清洁生产也有很多相通之处。清洁生产的实现途径可以归纳为两大类，即源削减和再循环，包括减少资源和能源的消耗，重复使用原料、中间产品和产品，对物料和产品进行再循环，尽可能利用可再生资源，采用对环境无害的替代技术等。循环经济的“3R”（减量化、再使用、再循环）原则就源出于此。

（2）清洁生产与循环经济的区别

两者最大的区别是在实施的层面上。在企业，推行清洁生产就是企业层面的循环经济，一个产品，一台装置，一条生产线都可采用清洁生产；在某些区域或行业的层面上实施清洁生产，称为“生态工业”。而广义的循环经济是需要相当大的范围和区域的，如日本称为建设“循环型社会”。

就实际运作而言，在推行循环经济的过程中，需要解决一系列技术问题，清洁生产为此提供了必要的技术基础。特别应该指出的是，推行循环经济技术上的前提是产品的生态设计，没有产品的生态设计，循环经济只能是一个口号，而无法变成现实。

总体来看，清洁生产是循环经济的基石，循环经济是清洁生产的扩展。在理念上，它们有共同的时代背景和理论基础；在实践中，它们有相通的实施途径。

15. 清洁生产与生态工业园区的关系

生态工业园区是循环经济的重要形式，是我国继经济技术开发区、高新技术开发区之后第三代工业园区的主要发展形式。生态工业园区是一种新型的工业组织形态，通过模拟自然生态系统的循环途径来改造我们的产业系统，实现资源的闭路循环和梯级利用。建设生态工业园区必须在园区的设计上体现循环经济和工业生态学的思想。以生态工业园区形式出现的循环经济要求企业把生产原料、能源和废料放在同等重要的位置，在企业间实行循环利用，共享资源和废料，使企业间资源达到最优化利用。

实施可持续发展战略，发展循环经济，建设生态工业园区，就必须大力发展清洁生产技术，实现生产过程的资源利用最大化、废物排放最小化和产品制造的绿色化。清洁生产是对企业实行全生产过程的控制，有效地降低了污染物的排放，是生态工业园区内实现循环经济的最小单元。环境无害化技术是循环经济的技术载体，而清洁生产技术在环境无害化技术中占据着核心位置。推进环境无害化生产技术要实施清洁生产，要与产业结构调整密切结合起来，通过清洁生产手段实现废物排放量的减少和废物的综合利用，使清洁生产从单一企业延伸到整个生态工业园区。

通过企业清洁生产审核，可以筛选和扶持具有清洁生产潜力、能够延伸工业生态链的企业，优化生态产业链的结构。

16. 清洁生产与传统的末端治理的关系

（1）清洁生产与传统的末端治理的区别

①国内外的实践表明，清洁生产作为污染预防的环境战略，是对传统的末端治理手段的根本变革，是污染防治的最佳模式。传统的末端治理与生产过程相脱节，即“先污染，后治理”，侧重点是“治”；清洁生产从产品设计到生产过程的各个环节，通过不断地加强管理和推进技术进步，提高资源利用率，减少乃至消除污染物的产生，侧重点是“防”。

②传统的末端治理不仅投入多、治理难度大、运行成本高，而且往往只有环境效益，没有经济效益，企业没有积极性；清洁生产从源头抓起，实行生产全过程控制，污染物最大限度地消除在生产过程中，不仅环境状况从根本上得到改善，而且能源、原材料和生产成本降低，经济效益提高，竞争力增强，能够实现经济效益与环境效益的“双赢”。

可以说，清洁生产与传统末端治理的最大不同在于前者找到了环境效益与经济效益相统一的结合点，能够调动企业防治工业污染的积极性。

（2）清洁生产与传统的末端治理的联系

从环境保护的角度看，末端治理与清洁生产两者并非互不相容，也就是说推行清洁生产并不排斥末端治理。这是由于工业生产无法完全避免污染的产生，最先进的生产工艺也不能避免产生污染物；用过的产品必须进行最终处理、处置。因此，完全否定末端治理是不现实的，至少在现阶段，清洁生产和末端治理是并存的。

17. 清洁生产与 ISO 14000 的关系

ISO 14000 系列标准是集近年来世界环境管理领域的最新经验与实践于一体的先进体系。包括环境管理体系（EMS）、环境审计

（EA）、生命周期评估（LCM）和环境标志（EL）等方面的系列国际标准，与其他环境质量标准、排放标准完全不同，它是自愿性的管理标准，为各类组织提供了一整套标准化的环境管理方法。ISO 14000 环境管理体系旨在指导并规范企业及其他组织建立先进的体系，引导企业建立自我约束机制和科学管理的行为标准。它适用于任何规模与组织，也可以与其他管理要求相结合，帮助企业实现环境目标与经济目标。

清洁生产是指以节约能源、降低原材料消耗、减少污染物的排放量为目标，以科学管理、技术进步为手段，目的是提高污染防治效果，降低污染防治费用，消除或减少工业生产对人类健康和环境的影响。因此，清洁生产可以理解为工业发展的一种目标模式，即利用清洁能源、原材料，采用清洁的工艺技术，生产出清洁的产品。同时，实行清洁生产，不是单从技术、经济角度来改进生产活动，还须从生态经济的角度，依据“合理利用资源，保护生态环境”这样一个原则，考察工业产品从研究、设计、生产到消费的全过程，以期协调社会和自然的相互关系。

清洁生产与 ISO 14000 环境管理体系是从经济-环境协调可持续发展的角度提出的新思想、新措施，是 20 世纪 90 年代环境保护发展的新特点。二者之间的差别在于：

（1）侧重点不同。清洁生产着眼于生产本身，以改进生产、减少污染产出为直接目标。ISO 14000 环境管理体系则侧重于管理，是强调标准化的、集国内外环境管理经验于一体的、先进的环境管理体系模式。

（2）实施目标不同。清洁生产是直接采用技术改造，辅以加强管理。ISO 14000 环境管理体系是以国家法律法规为依据，采用优良的管理，促进技术改造。

（3）审核方法不同。清洁生产的统计是以工艺流程分析、物料和能量平衡等方法为主，确定最大污染源和最佳改进方法。ISO 14000 环境管理体系审核侧重于检查企业自我管理状况，审核对象是企业文件、现场状况及记录情况等具体内容。

（4）产生的作用不同。清洁生产向技术人员和管理人员提供了一种新的环保思想，使企业环保工作的重点转移到生产中来。ISO 14000环境管理体系为管理层提供一种先进的管理模式，将环境管理纳入其他的管理之中，让所有职工都意识到存在的环境问题并明确自己的职责。

清洁生产虽然也强调管理，但技术含量较高；ISO 14000 环境管理体系强调污染预防技术的采用，但管理色彩较浓。两者共同体现了治理污染预防为主的思想，两者相辅相成，互相促进。

18. 清洁生产与企业管理的关系

清洁生产是提高企业管理水平的重要措施和思想；企业管理是企业推行清洁生产的基本保证和手段。企业管理一般包括：建立管理机构、计划管理、生产管理、质量管理、技术管理、劳动管理、物资供应管理、销售管理和财务管理 9 个方面。企业良好的管理可以减少原材料的浪费，降低废弃物的产生，从而在降低生产成本和提高产品质量的同时，也就减少了污染物的排放和对环境的危害。

19. 清洁生产与技术改造的关系

清洁生产内涵的核心是：实行源头削减和对产品生产实施全过程控制。它的最终完善必须通过技术改造来实现。除了合理先进的管理手段，企业实现清洁生产的另一重要手段，就是技术进步和生产设备的技术改造。同时，清洁生产也使技术改造更具针对性，更有助于其实施，并使技术改造获得更佳的经济效益和环境效益。

20. 推行清洁生产的工具和方法

推行清洁生产的工具和方法主要有：清洁生产审核、环境管理体系、生态设计、生命周期评价、环境标志、环境管理会计等。在这些工具和方法中，最直接、最有效的是清洁生产审核。

21．企业为什么要推行清洁生产

推行清洁生产是社会发展的需要，是法规政策的要求，是企业发展的需要。

清洁生产审核是一项典型的企业全面调查和诊断活动，在活动中按一定程序对企业的现状进行分析，找出企业的问题在哪里，是怎样产生的，并提出削减浪费的方案。通过方案的实施能有效地提升企业的管理水平，降低生产成本，提高产品质量，改善企业形象，增强产品市场竞争力，促进企业长期稳定发展。因此，开展清洁生产对企业发展意义重大，具体表现在：

（1）是实现可持续发展战略的必然需要；

（2）是控制资源浪费、环境污染的有效手段；

（3）可大大减轻末端治理的负担；

（4）是提高企业市场竞争力的最佳途径；

（5）是现代工业文明的一个重要标准；

（6）是增加企业无形资产，提高声誉的内部需求。

22．现阶段企业推行清洁生产存在的主要问题

（1）企业开展清洁生产的积极性不高

目前，虽然大多数企业的节能减排意识和开展清洁生产的意愿明显增强，但对于中小型企业来说，一方面，由于缺乏改造工艺和更新设备的实力，同时不具备规模化处理和循环利用废弃物的经济可行性，导致企业缺乏主动开展清洁生产的积极性；另一方面，对重点企业实施的强制性审核，其方案主要从“达标”或“减污”角度提出。通过审核，企业虽然取得较显著的社会效益和环境效益，但经济效益不明显，对企业的吸引力不足。另外，有些重点企业

审核的目的仅仅是为了通过验收，从而不能有效地开展持续清洁生产。

（2）技术开发和推广应用不够

清洁生产的目标是在减少输入端物质消耗的同时减少污染物产生，实现物质、能量在经济系统内合理、持续的循环流动和利用，提高产出效率。要实现这一目标，技术进步是关键。这些技术包括消除污染的环境工程技术、废物再利用的资源化技术、生产绿色产品的无废少废、无毒无害的清洁生产技术。而目前这一类技术尤其是综合开发利用资源的技术还十分缺乏，尤其是比重较大的中小企业缺乏熟悉产品工艺、技术及清洁生产管理的人才队伍，技术创新能力有限。另外，大多数企业不具备研发关键技术的能力，同时也缺乏清洁生产实践的指导。

（3）公众的环境意识仍有待提高

现阶段，广大公众的环境意识和对清洁生产的了解还处于较低的水平，绝大多数普通消费者对清洁生产知之甚少甚至一无所知，致使企业推行清洁生产的工作力度不够。只有形成政府主导、企业主体、公众参与的三位一体的清洁生产推进机制才能更好地推进清洁生产。现阶段包括政府机构、企业的合同方、社会团体、普通公众在内的消费者对产品或服务最关心的是性价比、实用性等，绿色消费意识、环境保护意识还很欠缺。而消费者尤其是普通公众作为第三方力量的外部推动作用虽然不断被强调，但实际上直到现在仍然没有得到很好的发挥。广大公众环境意识的加强能够产生一种社会影响力，能够推动企业的生产既能满足顾客需求又具备环境友好性。

第二章　企业清洁生产审核知识

23. 什么是清洁生产审核

《清洁生产审核暂行办法》定义：指按照一定程序，对生产和服务过程进行调查和诊断，找出能耗高、物耗高、污染重的原因，提出减少有毒有害物料的使用、产生，降低能耗、物耗以及废物产生的方案，进而选定技术经济及环境可行的清洁生产方案的过程。

也可简单理解为：清洁生产审核就是对组织现在的和计划的（将来）工业生产和服务，站在科学发展、可持续发展的高度通过对生产过程的审视，实行预防污染和节能降耗的分析、评估，进行再设计、再调整、再优化的过程。

24. 重点企业的界定标准

《中华人民共和国清洁生产促进法》第二十八条规定：

企业应当对生产和服务过程中的资源消耗以及废物的产生情况进行监测，并根据需要对生产和服务实施清洁生产审核。

污染物排放超过国家和地方规定的排放标准或者超过经有关地方人民政府核定的污染物排放总量控制指标的企业，应当实施清洁生产审核。

使用有毒、有害原料进行生产或者在生产中排放有毒、有害物质的企业，应当定期实施清洁生产审核，并将审核结果报告所在地的县级以上地方人民政府环境保护行政主管部门和经济贸易行政主管部门。

国家发展和改革委员会、原国家环境保护总局制定并审议通过的《清洁生产审核暂行办法》（国家发展和改革委员会、国家环境保护总局第 16 号令）第一章第八条和原国家环境保护总局《关于印发重点企业清洁生产审核程序的规定的通知》（环发［2005］151号）第二条对必须开展清洁生产审核的企业进行了规定，具体包括：

（1）污染物超标排放或者污染物排放总量超过规定限额的污染严重企业。

（2）生产中使用或排放有毒有害物质的企业（有毒有害物质是指被列入《危险货物品名表》（GB 12268）、《危险化学品名录》、《国家危险废物名录》和《剧毒化学品目录》中的剧毒、强腐蚀性、强刺激性、放射性（不包括核电设施和军工核设施）、致癌、致畸等物质）。

国家环境保护部发布的《关于进一步加强重点企业清洁生产审核工作的通知》（环发［2008］60 号）第一条指出："十一五"期间，地方各级环保部门要围绕火电、钢铁、有色、电镀、造纸、建材、石化、化工、制药、食品、酿造、印染等重污染行业和"三河三湖"等重点流域，加快推进强制性清洁生产审核。各地也可以根据污染减排工作的需要，将国家、省级环保部门确定的污染减排重点污染源企业纳入强制性清洁生产审核的范围。

25．哪些企业必须进行清洁生产审核

属于重点企业界定范围内的企业必须进行清洁生产审核，即强制性清洁生产审核。

26．重点企业的清洁生产审核程序

原国家环境保护总局《关于印发重点企业清洁生产审核程序的规定的通知》（环发［2005］151 号）中对重点企业的清洁生产审核管理程序作了具体规定。

第四条 第一类重点企业名单的确定及公布程序:

①按照管理权限，由企业所在地县级以上环境保护行政主管部门根据日常监督检查的情况，提出本辖区内应当实施清洁生产审核企业的初选名单，附环境监测机构出具的监测报告或有毒有害原辅料进货凭证、分析报告，将初选名单及企业基本情况报送设区的市级环境保护行政主管部门;

②设区的市级环境保护行政主管部门对初选企业情况进行核实后，报上一级环境保护行政主管部门;

③各省、自治区、直辖市、计划单列市环境保护行政主管部门按照《清洁生产促进法》的规定，对企业名单确定后，在当地主要媒体公布应当实施清洁生产审核企业的名单。公布的内容应包括:企业名称、企业注册地址（生产车间不在注册地的要公布其所在地地址)、类型（第一类重点企业或第二类重点企业）。企业所在地环境保护行政主管部门在名单公布后，依据管理权限书面通知企业。

第二类重点企业名单的确定及公布程序，由各级环境保护行政主管部门会同同级相关行政主管部门参照上述规定执行。

第五条 列入公布名单的第一类重点企业，应在名单公布后一个月内，在当地主要媒体公布其主要污染物的排放情况，接受公众监督。公布的内容应包括:企业名称、规模;法人代表、企业注册地址和生产地址;主要原辅材料（包括燃料）消耗情况;主要产品名称、产量;主要污染物名称、排放方式、去向、污染物浓度和排放总量、应执行的排放标准、规定的总量限额以及排污费缴纳情况等。

27. 如何开展重点企业的清洁生产审核

原国家环境保护总局《关于印发重点企业清洁生产审核程序的规定的通知》（环发［2005］151 号）中对重点企业的清洁生产审核如何开展作了具体规定。

第六条 重点企业的清洁生产审核工作可以由企业自行组织开

展，或委托相应的中介机构完成。

自行组织开展清洁生产审核的企业应在名单公布后 45 个工作日之内，将审核计划、审核组织、人员的基本情况报当地环境保护行政主管部门。

委托中介机构进行清洁生产审核的企业应在名单公布后 45 个工作日之内，将审核机构的基本情况及能证明清洁生产审核技术服务合同签订时间和履行合同期限的材料报当地环境保护行政主管部门。

上述企业应在名单公布后两个月内开始清洁生产审核工作，并在名单公布后一年内完成。第二类重点企业每隔五年至少应实施一次审核。

28. 对未按时开展清洁生产审核的重点企业的规定

《中华人民共和国清洁生产促进法》第四十条规定：违反本法第二十八条第三款规定，不实施清洁生产审核或者虽经审核但不如实报告审核结果的，由县级以上地方人民政府环境保护行政主管部门责令限期改正；拒不改正的，处以十万元以下的罚款。

原国家环境保护总局《关于印发重点企业清洁生产审核程序的规定的通知》（环发［2005］151 号）第六条进一步明确规定：对未按文件规定执行清洁生产审核的重点企业，由其所在地的省、自治区、直辖市、计划单列市环境保护行政主管部门责令其开展强制性清洁生产审核，并按期提交清洁生产审核报告。

29. 对自行组织开展清洁生产审核的企业的要求

原国家环境保护总局《关于印发重点企业清洁生产审核程序的规定的通知》（环发［2005］151 号）第七条规定：自行组织开展清洁生产审核的企业应具有 5 名以上经国家培训合格的清洁生产审核人员并有相应的工作经验，其中至少有 1 名人员具备高级职称并有

5 年以上企业清洁生产审核经历。

30. 清洁生产审核对咨询机构的要求

（1）2004 年 8 月 16 日国家发展和改革委员会、原国家环境保护总局制定并审议通过的《清洁生产审核暂行办法》（国家发展和改革委员会、国家环境保护总局第 16 号令）第四章第十五条规定：协助企业组织开展清洁生产审核工作的咨询服务机构，应当具备下列条件：

①具有独立的法人资格；

②拥有熟悉相关行业生产工艺、技术和污染防治管理，了解清洁生产知识，掌握清洁生产审核程序的技术人员；

③具备为企业清洁生产审核提供公平、公正、高效率服务的制度措施。

（2）2005 年原国家环境保护总局《关于印发重点企业清洁生产审核程序的规定的通知》（环发［2005］151 号）第八条明确规定：为企业提供清洁生产审核服务的中介机构应符合下述基本条件：

①具有法人资格，具有健全的内部管理规章制度。具备为企业清洁生产审核提供公平、公正、高效率服务的质量保证体系；

②具有固定的工作场所和相应工作条件，具备文件和图表的数字化处理能力，具有档案管理系统；

③有 2 名以上高级职称、5 名以上中级职称并经国家培训合格的清洁生产审核人员；

④应当熟悉相应法律、法规及技术规范、标准，熟悉相关行业生产工艺、污染防治技术，有能力分析、审核企业提供的技术报告、监测数据，能够独立完成工艺流程的技术分析、进行物料平衡、能量平衡计算，能够独立开展相关行业清洁生产审核工作和编写审核报告；

⑤无触犯法律、造成严重后果的记录；未处于因提供低质量或者虚假审核报告等被责令整顿期间。

（3）2008年7月1日，国家环境保护部发布的《关于进一步加强重点企业清洁生产审核工作的通知》（环发［2008］60号）对咨询机构的工作进一步作了具体要求：对清洁生产审核咨询机构进行定期评审，表彰优秀的清洁生产审核咨询机构。评审内容可包括咨询机构履行合同情况，在清洁生产审核各阶段所起的作用，根据物料、水平衡和能量平衡发现企业清洁生产潜力，独立提出清洁生产方案的能力及清洁生产审核绩效评估。发现咨询机构不按规定内容、程序进行清洁生产审核，弄虚作假，或者技术服务能力达不到要求的，在两年内不得开展企业清洁生产审核咨询服务，并在当地主要媒体上公告。

（4）符合当地政府部门的相关具体要求。

31. 清洁生产审核的目的、内容和程序

（1）目的

企业（组织）实施清洁生产审核的最终目的是“减少污染、保护环境、节约资源、降低费用、增强组织自身的竞争力”。即通过清洁生产方案的实施，实现“节能、降耗、减污、增效”。

（2）内容

可归纳为以下几点：

①核对有关单元操作、原材料、产品、用水、能源和废物的资料；

②确定生产全过程中产生废物（浪费）的环节、原因、数量以及类型；制定废物削减的目标，制订经济有效的削减废物产生的对策（方案）；

③提高企业（组织）对由削减废物、减少浪费而获得经济效益和环境效益的认识；

④判定企业（组织）原材料、能源、水利用效率低的“瓶颈”部位和管理不善的地方；

⑤提高企业（组织）经济效益以及产品和服务的质量。

（3）程序

清洁生产审核程序是国家清洁生产中心在总结我国清洁生产示范经验的基础上，结合国外推行清洁生产的有关方法开发设计的技术方法。这套程序是一套系统的、严谨的并具有较强的可操作性的方法学。它突出了清洁生产审核以生产过程为主体，从原材料定购、投入到产品改进，从生产工艺、技术革新到加强管理等各个方面去发现问题、解决问题、持续改进问题的系统方法和工具。清洁生产审核程序主要有审核准备、预审核、审核、方案的产生和筛选、方案的确定、方案实施、持续清洁生产七个阶段和 35 个步骤。

由此不难看出清洁生产审核是有计划的活动，它有确定的审核任务、明确的审核目标，需专人负责并提出完成任务的时间，是一整套系统的方法。审核的每个阶段和各步骤之间有着固定的逻辑关系和内在联系（图 2-1）。

注：上面提到的清洁生产审核七个阶段的名称是按 2009 年 3 月 25 日发布的《清洁生产审核指南 制定技术导则》（HJ 469—2009）的内容给出的。以前的教材中七个阶段的名称为筹划和组织、预评估、评估、方案产生和筛选、方案的确定、方案实施、持续清洁生产。虽然名称不一致，但其含义及程序要求和工作内容一致。

32．清洁生产审核的思路和要素（途径）

（1）清洁生产审核的思路

在整个审核过程中始终贯穿着的总体思路可以表述为：

①废物在哪里产生——“两高一重”（物耗高、能耗高、污染重）清单；

②为什么会产生——“两高一重”产生的原因分析；

③如何减少或消除——解决“两高一重”问题方案的产生和实施。

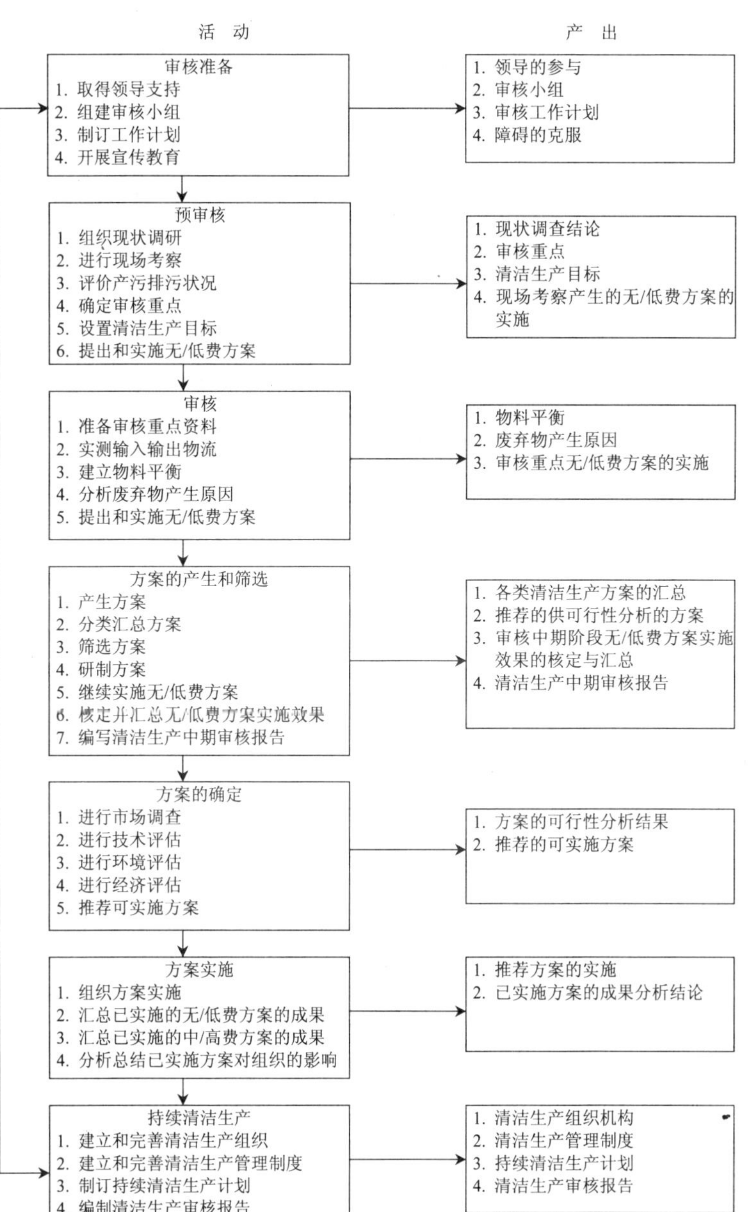

图 2-1　清洁生产审核程序

也称其为三个层次。在这里我们理解的要点是，以往的末端治理关注的是废物的排放量（浓度与总量），对于废物在哪里产生，有没有浪费，是如何产生的并不关心。而清洁生产审核的主要任务，首先是要弄清楚废物（浪费）是在生产的哪些环节或部位产生；还要分析为什么会产生以及生产过程中哪些要素影响了废物（浪费）产生的种类和数量。由此得出，清洁生产审核的目的是尽可能将产生废物（浪费）的因素消除在生产的过程中，所以在知道了废物（浪费）在哪里产生，为什么会产生后就要提出针对性的措施来减少或消除废物（浪费）的产生。

我们将这一过程视为环境诊断或过程分析（类似中医的望、闻、问再加之工艺当中的切脉），分析生产过程中污染物（浪费）产生的主要途径和原因，并根据原因有针对性地制订方案并实施（照单抓药）。

（2）清洁生产审核的要素（途径）

清洁生产审核将生产全过程中的影响因素归纳为八要素，也可称为八条途径。这八要素是抛开各行业生产过程的千差万别，概括其共性而得出的，如图 2-2 所示。

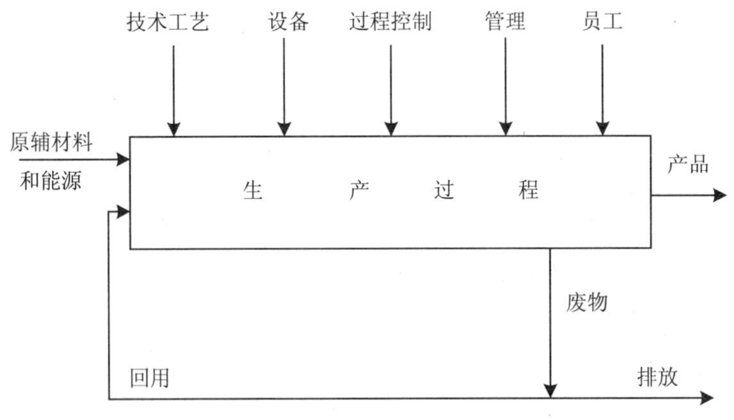

图 2-2　八要素图

从图 2-2 中可以看出，任何生产过程的影响因素都会由以上八个要素构成，其中包括六方面输入及两方面的输出。在这里需要注意的是，在审核当中对于每一个产生污染的环节或每一个存在浪费的部位，都要从八个要素入手，依据三个层次的思路将问题毫无遗漏地发现并进行分析，继而提出解决问题的方案并予以实施。

33．清洁生产审核的原理和适用范围

（1）清洁生产审核的原理

①逐步深入原理：从字面上理解是步步深入的意思。结合审核程序，审核的过程是由粗而细。在审核的前两个阶段，即审核准备和预审核阶段的工作一般来讲范围较大，工作较粗，现有资料的收集、考察是对现状的定量、定性分析阶段。而审核阶段以后工作的深度就不同了，一是要求资料全面、数据翔实可靠并以实测定量为主；二是审核范围由大至小，由面及点，审核准备和预审核阶段的工作都是在企业范围内进行，而从审核阶段开始就围绕企业的审核重点开展工作，范围要比前两个阶段小，但其审核目的就是针对审核重点开展更深入的分析；三是在完成一轮审核后，一定时间内还要进行下一轮审核。总之，逐步深入原理正确处理了整体与局部的关系，避免了孤立地直接进入局部而导致的只见树木不见森林的局面，能够使审核过程既把握全部又突出重点。

②分层嵌入原理：在审核中围绕可能影响生产过程、导致产生废物和浪费的八要素（原辅材料和能源、技术工艺、设备、过程控制、管理、员工、产品、废物）进行分析，查找问题在哪里，为什么会产生，如何消除，从这三个层次去分析。分层嵌入原理不仅说明了生产过程中“两高一重”问题产生的广泛性，也说明了其产生原因的复杂性，更说明了减少或消除问题方法的多样性。

③反复迭代原理：审核的各个阶段反复应用分层嵌入原理。当然，有时要进行三个层次的完整迭代，有时只进行一个或两个层次的迭代。如在审核阶段分析废物（浪费）产生原因时，要进行的就是废物（浪费）在哪里和为什么产生废物（浪费）的迭代分析。

④物质守恒原理：投入与产出的物质应是平衡的，前后总量不变。物质守恒作为清洁生产审核原理，也作为一种有用的工具应用于审核中，如审核中的物料平衡、能量平衡、水平衡等数据都是审核的基础。

⑤穷尽枚举原理：从八个要素入手，可以毫无遗漏地发现三个层次的问题。其一是穷尽，指审核中的八条要素，一个组织在审核中发现的问题和提出的方案，必然是遵循八条要素去反复分析、发现和提出的，不可合并也不可跳跃；其二是枚举，指在整个审核过程中要将针对问题产生的方案一个一个地列举出来。

（2）清洁生产审核的适用范围

过去有个误区，认为一谈到清洁生产审核就是指企业，实际清洁生产审核适用于所有组织，涵盖第一、第二、第三产业。

在这里，第一产业——农业，农业生产对环境生态的破坏已成为当前环境保护的重点，农药、杀虫剂、化肥的滥用以及畜牧养殖业的发展造成了面源污染的加剧。

第二产业——工业，在我国，清洁生产首先应用在工业企业中，全国近 30 个省、自治区、直辖市开展了清洁生产审核，目前已经积累了大量经验。

第三产业是近年突起的又一新的产业大军，餐饮业、酒店、洗浴业在水、能源方面的浪费以及水、大气、噪声等方面的污染更不容忽视。第三产业清洁生产审核的实践证明，经过审核，这些组织耗水量、产污量以及能源消耗量都有明显改善，第三产业存在着明显的清洁生产机会。机关、学校、银行、公司等组织对于资源、能源的浪费问题也十分突出，同样存在着诸多清洁生产的机会。

因此，清洁生产审核适用于所有类型的组织。

34. 审核中如何判定需重点审核的有毒有害物质

审核中可依据原国家环境保护总局《关于印发重点企业清洁生产审核程序的规定的通知》（环发［2005］151 号）中“需重点审核

的有毒有害物质名录（第一批）”及国家环境保护部《关于进一步加强重点企业清洁生产审核工作的通知》（环发［2008］60号）中“需重点审核的有毒有害物质名录（第二批）”进行判断。

35. 非重点企业是否也要审核

原国家环境保护总局《清洁生产审核暂行办法》（国家发展和改革委员会、国家环境保护总局第16号令）第一章第三条规定：本办法适用于中华人民共和国境内所有从事生产和服务活动的单位以及从事相关管理活动的部门。第二章第六条明确规定：清洁生产审核分为自愿性审核和强制性审核。第二章第七条明确规定：国家鼓励企业自愿开展清洁生产审核。污染物排放达到国家或者地方排放标准的企业，可以自愿组织实施清洁生产审核，提出进一步节约资源、削减污染物排放量的目标。

36. 企业进行清洁生产审核的好处和前提条件

（1）企业进行清洁生产审核的好处

通过审核，可以对企业的现状进行一次全方位的诊断，了解企业目前所处的环境污染和资源利用的水平和状况，找出企业存在的问题，寻找解决问题的方案；可以对本行业的各种技术进行一次全方位的搜索和论证，为企业的可持续发展和技术升级指明方向；还可进行相应的技术方案的储备，为制定企业发展规划提供技术支撑；同时还可减少生产经营活动对环境的不利影响，降低生产成本，提高企业的核心竞争力，提升公司形象和有利的社会影响，规避风险，包括将来可能发生的突发事件和费用等潜在的效益；审核中对企业管理层、员工进行的培训，将提高管理层、员工的思想意识和基本素质，带来企业生产技术人员、广大员工思维方式和处事方法的转变。

（2）企业进行清洁生产审核的前提条件

企业开展清洁生产审核，概括来说至少要具备以下条件：一是要能取得管理层的承诺，即企业的总经理或厂长愿意实施清洁生产，积极支持和参与这项工作；二是要做到全体员工的参与，因为清洁生产工作涉及企业的各个部门和人员，需要全体职工的积极参与；三是掌握清洁生产审核方法，熟练掌握清洁生产审核原理和方法是企业开展清洁生产工作的必要条件。以上三点是企业切实推行清洁生产，进行审核并取得相应成效缺一不可的基础。

37. 企业如何开展清洁生产审核

清洁生产审核的基本要求是“从我做起，从现在做起”，每个企业都存在着许多清洁生产机会，只是以前忽略了或是发现了但并没有去实施。根据国家相关规定，除重点审核企业要按照国家主管部门规定的要求开展审核外，其他企业均可根据企业自身情况开展清洁生产审核。

38. 清洁生产审核中政府管理部门的作用

目前，不论是发达国家还是发展中国家都在研究如何推进本国的清洁生产。从政府的角度出发，推行清洁生产审核主要有以下几方面的工作要做：

（1）严格执法，制定相应的政策，组织重点企业开展强制性清洁生产审核，并鼓励其他企业推行清洁生产，自愿开展清洁生产审核；

（2）改善现有的环境法律和政策，以克服推行清洁生产的障碍；

（3）积极引导和支持企业通过清洁生产审核实行产业、行业结构调整；

（4）安排各种活动提高公众的清洁生产意识；

（5）支持清洁生产工业示范项目；

（6）为工业部门提供清洁生产技术支持；

（7）把清洁生产纳入各级学校教育之中。

39. 清洁生产审核中企业领导、清洁生产咨询专家、行业专家的作用

（1）企业领导的作用

六个字：重视、参与、支持。

首先企业领导要高度重视，积极参与，并保证人力、物力、资金的支持。在审核的前期阶段，领导要有明确的态度，要做全员动员；在审核中，领导要参与审核重点和目标的确定，督促资金落实，支持清洁生产方案的实施，积极建立清洁生产组织机构，完善清洁生产管理制度等。

（2）清洁生产咨询专家的作用

指导企业正确灵活地应用清洁生产审核的程序和方法，依据法规政策标准和相关产业政策，注入先进理念，发现和分析现状问题，引进先进技术，以帮助企业顺利进行审核，取得好的效果。

具体包括：审核准备阶段进行清洁生产知识的培训和宣贯；指导并参与预审核阶段对企业现状情况的分析并提出问题，指导企业审核重点和清洁生产目标的确定；参与审核阶段对审核重点的实测和问题的分析；共同完成方案产生和筛选阶段的方案产生、分析和筛选；指导企业进行方案的环境、技术、经济评估；督促方案的实施；帮助企业建立清洁生产的常设组织机构，建立清洁生产管理机制乃至制定企业清洁生产的持续性规划；指导企业完成本轮清洁生产审核报告。

（3）行业专家的作用

可大致概括为：站在行业国内外先进技术和信息的高度，在预审核阶段指导企业分析重点问题，确定审核重点，制定清洁生产目标；参与审核阶段的分析；在方案的产生和筛选阶段以及方案的确定阶段为企业提供行业先进的技术信息，帮助企业对产生的方案进

行评估。

40. 循环经济“3R”原则及相互关系

“3R”即减量化（Reduce）、再利用（Reuse）、再循环（Recycle）。

首先，减量化原则属于输入端方法，旨在减少进入生产和消费过程的物质量，从源头节约资源使用和减少污染物的排放；再利用原则属于过程性方法，目的是提高产品和服务的利用效率，要求产品和包装容器以初始形式多次使用，减少一次用品的污染；再循环原则属于输出端方法，要求物品完成使用功能后重新变成再生资源。

“减量化、再利用、再循环”原则不是并列的。首先不是简单地通过循环利用实现废弃物资源化，而是强调在优先减少资源消耗、减少废物产生的基础上综合运用“3R”原则，这是清洁生产审核中要把握的要点。因此，“3R”原则在审核中的优先顺序是：优先考虑源头控制、源头削减——减量化，然后再考虑综合利用和循环利用——再利用、再循环。

41. 循环经济的“3R”原则在审核中的应用

在审核中应遵循“减量化、再使用、再循环”原则，其先后顺序为：

（1）在生产源头和生产的过程中减少或消除废物和浪费；

（2）对未能减少或消除的要考虑以环境安全的方式进行循环回用或综合利用；

（3）采取适当的污染治理技术，完成进入自然环境前的污染削减；

（4）对最终残余的废物或污染物进行妥善的处置。

以“减量化、再利用、再循环”为原则，其每一项对审核的成功进行都是很重要的。“减量化”是输入端方法，旨在减少进入生产和消费过程的物质量；“再利用”是过程性方法，能够延长产品和服务的时间强度，防止产品过早地成为垃圾；“再循环”是输出端方法，通过将废弃物变成资源而减少最终的排放量。

你知道吗

怎么理解资源

概念：自然界和人类社会中一种可以用以创造物质财富和精神财富的具有一定量的积累的客观存在形态。如土地资源、矿产资源、森林资源、海洋资源、石油资源、人力资源、信息资源等。

我国资源总体现状：总量丰富而人均占有量少，总体质量不高，地域分布不平衡，主要表现为资源危机和水危机以及因使用不当而造成的浪费和环境污染。例如，我国矿产储量居世界第 3 位，而人均矿产储量居世界第 53 位；耕地面积居世界第 4 位，而人均耕地占有量居世界第 67 位；森林面积居世界第 5 位，而人均森林占有量居世界第 80 位；河流流量居世界第 6 位，而人均河流流量居世界第 110 位。总量多、人均少是我国资源状况的一个显著特点。

我国资源利用现状：改革开放以来，中国经济的持续高速发展创造了令世界瞩目的奇迹，GDP 平均年增长速度超过了 9.6%，但长期的经济高速增长是以大量的资源消耗为代价的。我国的资源利用效率仅为 33%，比发达国家落后 20 年，相差约 10 个百分点。我国是世界上单位 GDP 能耗最高的国家之一。据统计，2003 年，我国每万元 GDP 能耗是日本的 8 倍、美国的 2.3 倍、欧盟的 4.5 倍、世界平均水平的 2.2 倍。2004 年的统计与上述数据相近。2004 年，我国创造了世界 GDP 总量的 4.4%，但同时消耗的原油、原煤、电力、钢材、铝和水泥分别是世界总消耗量的 7.4%、31%、10%、27%、25% 和 40%。我国钢铁、有色、水泥、石化、电力等八个高能耗行业主要产品的单位产出能耗平均比国际先进水平高出 40%。通过近年来节能工作的推进，到 2008 年我国能耗水平虽有所降低，但还是远远高于发达国家。

42. 清洁生产审核是单纯地将废弃物资源化吗

人们常认为清洁生产就是将废弃物资源化，其实不然。清洁生产审核的根本目的是要在全过程中避免和减少废物（浪费），废物再生利用只是减少最终处理量的方式之一，且资源化又分为原级资源化和次级资源化，当然前者是理想方式。“减量化、再利用、再循环”在审核中的重要性并非并列，清洁生产审核推崇的是包括“减量化、再利用、再循环”在内的强调避免废物产生的低排放甚至零排放的经济方式。

43. 清洁生产审核关注的是什么

简单概括为：源削减，即产生废物或浪费的源头，也就是问题产生的根本。

44. 何谓“5S”

“5S”源于日本。现在总结起来源于日本的就有“5S”活动、“5S”原则、“6S”、“7S”等。“5S”活动为：整理（SEIRI）、整顿（SEITON）、清扫（SEISO ）、清洁（SEIKETSO）、素养（SHITSUKE）。“5S”原则为：微笑（Smile）、速度与效率（Speedy）、诚挚（Sincerity）、安全（Security）、敏感性（Sensibility）。

“5S”活动是日本企业内实施的现场管理方法，也就是企业在现场（包括车间、办公室）的管理中推行的一套基本管理办法。在日本，“5S”管理直接影响到一个企业是否有生气、是否有良好的管理和高质量的产品。

“5S”活动的要点如下：

①整理的要点：区分物品，分别处置。要的物品分类管理，不要的物品撤出现场；有用的物品视情况处理，无用的物品坚决清除。

②整顿的要点：取物路径最短，取物时间最短，放物布局最好，标识齐全醒目。

③清扫的要点：彻底清扫，不留死角；清除尘源和污染源；不要忽略抽屉、灯管、设备等；清扫定期化、责任化。

④清洁的要点：持之以恒，落实到人，经常检查。

⑤素养的要点：从早上问好、见面打招呼做起，从就餐、上厕所的卫生清洁习惯做起，从遵守劳动纪律和作业指导书做起。

推行“5S”与清洁生产审核一样，有其实施的步骤。

包括：计划→组织→宣传→整理→整顿→推动方法实施→方法讨论修正→推动方法正式实施→考核评分→上级巡回诊断→推动后续新方案→检讨与奖励。

45. 清洁生产审核与“5S”的关系

在推行清洁生产审核时，许多企业管理人员提出，企业推行了“5S”活动是否还要推行清洁生产审核？

起源于日本的“5S”活动是在企业内实施的现场管理方法。这种管理方法给企业带来了良好的管理、优质的产品和生机勃勃的景象。推行“5S”活动有它的步骤和方法。

我们知道，清洁生产审核从生产的源头切入，以节约能源、降低原材料消耗、减少浪费、减少污染物的产生量为目标，以科学的管理、技术进步为手段，目的是节能、降耗、减污、增效。因此，清洁生产审核是为达到“工业发展的一种新模式”所做的工作。

“5S”活动不能替代清洁生产审核，它只是提高企业管理水平的一种好的方法。在企业内推行“5S”活动，科学、良好的企业管理能为清洁生产的推行创造条件，有助于清洁生产审核工作的深入开展。

46. 清洁生产审核的主体

国务院办公厅转发的国家发展和改革委员会等十五部门《关于

加快推行清洁生产意见的通知》（国办发［2003］100号）中明确指出：推行清洁生产必须从国情出发，充分发挥市场在资源配置中的基础性作用，坚持以企业为主体，政府指导与推动，强化政策引导和激励，逐步形成企业自觉实施清洁生产的机制。

解读以上内容，清洁生产审核的主体是企业。通过清洁生产的推行，企业领导和员工的意识提高了，认识到了清洁生产的本质，尝到了推行清洁生产的甜头，将清洁生产作为提高企业竞争力、加强生产管理、强化环境管理的手段来抓，由被动变主动，由不自觉到自觉。

47．为什么说清洁生产审核关键在于过程

《中华人民共和国清洁生产促进法》的目的是引导企业、地方和行业领导者转变观念，从传统的末端处理转向污染预防和全过程控制。因此，清洁生产审核是从发动全员宣贯培训开始，从生产的源头入手开展工作。但是，随着清洁生产审核的不断开展和深入，我们发现有些企业将推行清洁生产、进行清洁生产审核当作咨询机构的事，认为只要委托了咨询机构，由他们去做就行了。其实，这么理解是错误的，首先忽视了企业在审核过程中的主体作用，例如一个运动员若想取得好的成绩，仅依靠有经验的教练的指导而自己不配合，不付出辛苦去训练，成绩是无法提高的；其次还失去了通过审核过程达到提高企业领导层的认识和全体员工素质的机会；没有审核全过程的参与，也就没有我们所说的清洁生产可以为企业带来的增值和倍增的效果，我们理想的“逐步形成企业自觉实施清洁生产的机制”的目标也就无从谈起了。

48．清洁生产审核中贯彻的原则

概括讲，清洁生产审核中贯彻的原则是：边审核、边发现、边实施、边总结。

49．为什么强调全员参与的重要性

全体员工的支持和参与是清洁生产持续有效地开展下去的关键。当全体员工都将清洁生产思想自觉地转化为指导本岗位生产操作实践的行动时，清洁生产审核才能顺利持久地开展下去。也只有这样，清洁生产的推行才能给企业带来更大的经济效益和环境效益。

50．完成审核报告的编写是否等同于完成清洁生产审核过程

清洁生产审核不等同于环境影响评价，环境影响评价最终审查的是环评报告书。而清洁生产审核注重的是过程，它将 80%以上的精力放在审核过程中的现状材料与数据的整理分析以及清洁生产方案的产生、实施、员工认识和企业管理水平的提高上。因此，如果通过审核只有一份纸上谈兵的报告，没有过程内容是不行的。

51．企业完成一轮清洁生产审核的衡量依据

国家环境保护部《关于进一步加强重点企业清洁生产审核工作的通知》（环发［2008］60 号）已出台了“重点企业清洁生产审核评估、验收实施指南”，该指南是目前衡量企业清洁生产审核是否完成的唯一依据。

52．何谓清洁生产审核评估和验收

国家环境保护部《关于进一步加强重点企业清洁生产审核工作的通知》（环发［2008］60 号）明确指出：“清洁生产审核评估是指按照一定程序对企业清洁生产审核过程的规范性，审核报告的真实性以及清洁生产方案的科学性、合理性、有效性等进行评估”。“清

洁生产审核验收是指企业通过清洁生产审核评估后，对清洁生产中/高费方案实施情况和效果进行验证，并做出结论性意见。”

53. 企业通过一轮清洁生产审核是否就此完成任务

清洁生产的英文表达为“Cleaner Production”，是个比较级的概念，本意为更清洁的生产。同时，它又是一个相对的概念，所谓清洁生产技术和工艺、清洁产品、清洁能源和原料都是同现有常规技术、工艺、产品、能源和原料相比较而言的。因此，清洁生产是个无止境的概念，没有最好，只有更好。

实践证明，通过一轮审核，大多数企业的决策层和员工都将清洁生产作为企业的自觉行动，融入企业的日常管理，并长期推行下去。例如某企业第一轮审核解决了企业单位产品电耗高的问题，取得了双赢的绩效，在总结时又设定了下一轮审核的重点：降低单位产品水耗，这样持续改进不断提高。

54. 完整的一轮审核需要多长时间

根据各地的经验，完成一轮审核应该需要八个月到一年的时间，但是目前也有六个月完成一轮审核的企业。审核时间的长短直接影响到审核的质量，建议最少不能少于六个月。

55. 快速清洁生产审核的适用范围

使用快速法进行清洁生产审核的条件：一是已完成一轮清洁生产审核的企业（组织）；二是技术简单、工艺流程短的小型企业（组织）；三是具有良好清洁生产基础（人力、物力、财力充足）的企业（组织）；四是目标单一的企业（组织）。

第三章　企业开展清洁生产审核的方法与技巧

56. 如何理解清洁生产审核的概念

《清洁生产审核暂行办法》（国家发展和改革委员会、国家环境保护总局第 16 号令）给出定义：指按照一定程序，对生产和服务过程进行调查和诊断，找出能耗高、物耗高、污染重的原因，提出减少有毒有害物料的使用、产生，降低能耗、物耗以及废物产生的方案，进而选定技术经济及环境可行的清洁生产方案的过程。

对于产品生产型企业或有资源能源消耗的服务型企业，从其原材料、资源能源的购入到完成产品交付给顾客的一系列过程中，不仅会生产出企业所期望的顾客需求的产品，同时还会产生废水、废气、粉尘、噪声等不期望的副产品，即废物。所有的废物，都是由生产过程中的原材料变成的，这些随产品而产生的废物，不仅给环境带来极大危害，同时也降低了资源、能源的利用率，使组织产品的成本居高不下，降低了市场竞争力。清洁生产审核，就是将企业纷繁复杂的生产或服务分为众多过程（操作单元），通过对重要过程的评估和分析以及对物料、水、资源、能源在过程中的流动监测，发现系统中存在的缺陷与问题，揭示废物产生和资源、能源浪费的原因。根据原因，结合国家产业政策、同行业现状、企业实际状况和长远发展规划的需求等因素，制订并实施切实可行的清洁生产方案，使企业获得显著的经济效益、环境效益和社会效益。

清洁生产审核，是企业进行清洁生产的重要前提。其审核的对象是生产和服务过程，它不仅包括企业的生产和服务现状，同时也包括对企业计划进行的新、改、扩建项目的分析和评估。审核的重点是对重点过程的分析和评估，通过分析和评估，找出废物产生和资源能源浪费的原因。审核的结果是根据原因制订并实施方案，通过方案的实施，实现“节能、降耗、减污、增效”的清洁生产目标。

57. 在清洁生产审核中如何使用“三条思路”和“八个要素”

清洁生产审核的三条思路：

①废物在哪里产生——“两高一重”，污染源（浪费源）清单；

②为什么会产生——“两高一重”，废物（浪费）产生原因的分析；

③如何减少或消除——方案产生和实施。

清洁生产审核的八个要素：原辅材料和能源、技术工艺、设备、过程控制、产品、废弃物、管理、员工。

清洁生产审核的“三条思路”，在清洁生产审核过程中，既是审核阶段的大循环，同时又在各个阶段中进行着小循环。大循环是指在预审核阶段重点寻找废物在哪里产生；在审核阶段为定量地确定主要废物的产生部位并分析产污原因；而方案的产生和筛选、方案的确定和方案实施这三个阶段，则是减少和消除废物的重要过程。每个阶段的小循环具体如下：

（1）在预审核阶段的现场调研和考察中，应通过对组织相关资料和现场实际考察情况的分析，综合判定目前的系统缺陷或存在的问题（即找出废物产生和存在资源能源浪费的部位），然后从清洁生产审核要素的八个方面定性地分析废物产生和存在资源能源浪费的原因，并制订行之有效的方案，对其中简单易行的无/低费方案及时予以实施。

（2）在审核阶段，通过审核重点物料、水、能源、污染因子等平衡测算，深层次地找出组织在生产过程中存在物料流失和废物产生的环节或部位，分别从原辅材料和能源、技术工艺、设备、过程控制、产品、废弃物、管理、员工八方面定量地分析组织主要废物产生的原因，并根据原因制订削减方案，解决组织的主要环境问题。

（3）在方案的产生和筛选阶段，针对组织存在的主要问题以及造成问题的原因，经过分析讨论产生方案，并对审核以来产生的方案按照原辅材料和能源、技术工艺、设备、过程控制、产品、废弃物、管理、员工八个方面分类汇总和综合分析，进一步判定组织在八个方面中哪一方面比较薄弱，为今后组织的改进和提高提供依据。

（4）在方案的确定阶段，对初步可行的中/高费方案进行深入的技术评估、环境评估和经济评估，按照清洁生产审核思路，从八个方面分析中/高费方案的技术可行性以及方案实施后资源、能源消耗、原有废物产生和排放量的变化，并对是否存在新的污染以及拟采取的环境污染防治措施进行论证，从而判定中/高费方案的可操作性及技术、环境和经济的可行性。

（5）在方案实施阶段，通过对比原辅材料和能源、技术工艺、设备、过程控制、产品、废弃物、管理、员工八个方面审核前后的变化，客观真实地分析和总结已实施方案对组织的影响，并将汇总的审核成果进行宣传和推广，树立全体员工持续开展清洁生产审核的信心。同时，通过分析和对比审核前后的变化，进一步寻找不足，按照八要素的要求深层次地寻找清洁生产机会。

58．清洁生产审核应由技术服务机构完成还是企业独自完成

清洁生产审核分为自愿性审核和强制性审核。对自愿性开展清洁生产审核的组织，没有具体要求由谁来完成，只要企业有能力开展，可以独自完成。但为确保审核得更深入、取得更好的经济效益和环境效益，借助于技术服务机构的指导效果会更好。

对于强制性审核的企业，按照原国家环境保护总局《关于印发重点企业清洁生产审核程序的规定的通知》（环发［2005］151号）第六条的要求：重点企业的清洁生产审核工作可以由企业自行组织开展，或委托相应的中介机构完成。当企业自行开展清洁生产审核

时，应满足第七条规定：自行组织开展清洁生产审核的企业应具有5名以上经国家培训合格的清洁生产审核人员并有相应的工作经验，其中至少有1名人员具备高级职称并有5年以上企业清洁生产审核经历。当企业不能满足上述条件时，则应委托中介机构来完成。

59. 如何获得领导支持

这里所说的领导，主要指组织的中层以上管理人员。领导的支持，是成功开展清洁生产审核的关键。获得领导支持的方式：

（1）在启动清洁生产审核前，应首先与组织高层领导进行沟通，使高层领导初步了解什么是清洁生产、清洁生产与企业管理和成本控制的实质性关系、清洁生产审核对企业的现实意义等，引起组织高层领导的高度重视，真正做到由上到下推动清洁生产审核工作。

（2）宣传和培训：培训前明确提出培训要求，要求组织的领导层全部参加清洁生产知识培训。培训时宜从企业关注的问题入手，重点讲解清洁生产审核是企业提高管理、实现技术进步，短期内最大限度地发挥企业设备、人员潜能，获得经济和环境效益的一种手段和方法。例如，可从组织关注的利润最大化的角度出发，重点分析成本控制与废物产生（浪费）的关系，环境保护与经济可持续发展的关系等。

（3）要求高层领导参与审核过程，例如，负责审核的领导工作，确定审核组成员；参加清洁生产培训并做动员讲话；参与方案的筛选和确定；组织方案实施和审核报告的审定等。

（4）审核组应及时、准确地向领导层汇报清洁生产审核进度及已经取得的成果，树立领导层开展清洁生产的信心。可在组织的生产例会时汇报，也可举办专题清洁生产会议汇报，还可进行阶段性的工作总结，向领导层进行书面汇报。

（5）清洁生产审核，不仅是组织的自身行为，更是国家法律法规和政府主管部门的要求，领导支持清洁生产审核工作，是其应履行的职责和应尽的义务。对不支持、不参与清洁生产审核的组织领导，应从国家、地方环保法规要求和审核验收要求等方面进行宣传，提高领导对清洁生产审核的认识。

60. 成立清洁生产审核小组的要求有哪些

开展清洁生产审核，首先要在组织内部组建一支有一定权威性的清洁生产审核小组，具体协调、组织和实施清洁生产审核工作。在实际审核中，对于生产过程复杂、规模较大的组织，可根据组织的实际情况分别成立清洁生产审核领导小组和审核工作小组。

领导小组组长应由组织的总经理（厂长）或主管生产或技术的副总经理（副厂长、总工）或主管环保的副总经理（副厂长）担任，成员包括主管生产、技术、财务、环保的高层领导和审核工作小组组长。领导小组人员不宜过多，5～7 人较好。领导小组的职责为筹划和组织清洁生产审核工作，挑选和任命审核工作小组组长及成员，参与审核方案的筛选和确定，筹措资金，安排和落实方案的实施。审核工作小组组长应由主管生产或技术的高层领导或部门经理担任，成员应包括生产、技术、环保人员，同时还应有一名会计。

工作小组没有人数要求，可视组织规模及工艺复杂程度确定。审核工作小组的职责为组织和实施清洁生产审核的全过程，具体按照清洁生产审核七个阶段、35 个步骤的各项要求来开展。

对生产规模较小，产品种类单一或生产工艺相对简单的组织，也可成立一个清洁生产审核小组，组长由组织主要领导担任，主管技术或生产的部门领导担任副组长，具体筹划和组织整个清洁生产审核的全过程。

审核组长应满足如下条件：

（1）了解生产、工艺、管理及同行业的新技术并具备相应的管理经验；

（2）掌握污染防治的原则和技术；

（3）熟悉审核工作程序，具有良好的沟通和协调能力，能指挥和组织审核组开展审核工作；

（4）具有良好的语言和文字表达能力，能够编制和审定审核报告。

审核小组成员应满足如下条件：

（1）掌握组织的生产、工艺、技术和管理等方面的知识和经验，了解同行业的先进技术和信息。

（2）熟悉掌握清洁生产审核的步骤、方法等知识，能够协同组员开展审核工作。

（3）熟悉组织废物产生、治理和管理的情况，以及国家和当地环保法规和政策要求。

注意事项：

（1）审核小组的设定和人员组成应结合组织的实际情况，从有利于清洁生产审核的开展出发。

（2）审核小组成立后，为保证清洁生产审核的顺利推进，应对审核组成员进行明确的职责划分，并使成员了解自己的职责和工作任务。

（3）为突出审核小组的权威性和组织的重视程度，应以组织正式文件的形式下达审核组成员的任命、职责及工作分工。

（4）审核小组不是成立后就一成不变的工作机构，可根据审核进度、审核重点的确定和审核的实际需要，及时调整审核组成员。

61．清洁生产审核小组的日常管理工作放在哪个部门更好

在清洁生产审核工作中，由于清洁生产审核小组不是一个常设机构，人员来自于组织的各个相关部门，所以组织需要将清洁生产审核的日常管理工作放在一个部门具体协调和管理。从审核的实际效果来看，日常管理部门的设置，对清洁生产审核工作的开展和审核深度有很大影响。

根据国家相关政策，清洁生产审核任务的下达由当地环境保护主管部门发布。因此，在不了解清洁生产审核实质的前提下，一些组织普遍认为清洁生产审核是一项单纯的环保工作，顺理成章地将

清洁生产审核的日常管理工作放在了环保部门，这是对清洁生产审核理解的一个误区。清洁生产审核的实质是通过研究组织的生产和服务过程来解决环境与发展的问题，而不是通过环保来解决组织的生产问题。其工作重点是通过对影响废物产生的原辅材料和能源、技术工艺、设备、过程控制等方面进行详细地分析和评估，并根据评估结果制订改善方案。单纯的环保部门因职责和权限的制约，在协调生产和技术部门的人员上存在一定的障碍，所以会直接影响清洁生产审核工作的开展。

通过对多家已经开展过清洁生产审核企业的实际效果进行调查和分析发现，清洁生产审核的日常管理放在生产部门或技术部门效果最好。

62. 如何制订清洁生产审核工作计划

清洁生产审核工作计划，是确保清洁生产审核有条不紊、按部就班顺利完成的重要保障。

在清洁生产审核实施过程中，可分别制订《清洁生产审核工作计划》和《清洁生产审核实施计划》。其中《清洁生产审核工作计划》为清洁生产审核的总体策划，内容应包括清洁生产审核整个过程的工作、时间安排以及具体的责任部门等。表 3-1 所示为某组织清洁生产审核工作计划。

表 3-1 清洁生产审核工作计划

阶段	工作内容	完成时间	责任部门	产出
审核准备	先中层以上干部培训，再全部职工培训，学习清洁生产意义、内容及相关的知识等；成立领导小组和审核小组；培训审核小组审核知识；全员培训总结和考试	2008 年 3 月末	人力资源部 企管部	①总经理等全员参与 ②成立审核小组 ③掌握审核技巧 ④制订并下发审核工作计划

阶段	工作内容	完成时间	责任部门	产出
预审核	收集资料，现场考察、汇总存在的问题，确立审核重点，研究并制定措施，配备资源；进行数据分析并向全厂职工征集无/低费方案，做好物资准备	2008年4月1—10日	审核小组	①收集内部相关数据，现场调查，并与同行业对比分析 ②确立审核重点，制定清洁生产目标 ③提出和实施无/低费方案
审核	对重点生产过程中的物料输入、输出进行实测，进行水平衡实测，分析并查找废物产生的原因，根据原因产生削减方案	2008年4月11—30日	审核小组 审核重点	①审核重点资料的完善情况 ②实测物流及物料平衡图 ③分析平衡结果 ④实施新的无/低费方案
方案的产生和筛选	面向全厂职工宣传动员，多渠道收集清洁生产方案并汇总，对方案进行分析与筛选，初步产生两个以上中/高费方案并研制；编制中期审核报告，对前期工作进行总结和分析	2008年5月8—15日	审核小组 公司各部门	①汇总各类清洁生产方案 ②获得可行的无/低费方案和初步可行的中/高费方案 ③核定并宣传已实施无/低费方案的效果 ④编写中期审核报告
方案的确定	对选出的中/高费方案进行技术、环境、经济评估，推荐可实施方案	2008年5月16—31日	审核小组 技术、生产部	①确定方案 ②推荐可实施的方案 ③配备必要的资源
方案实施	对所推荐的可实施方案进行筹划组织、具体实施，汇总无/低费方案的结果，评价和验证中/高费方案实施效果，分析清洁生产审核对企业的影响	2008年6—11月	审核小组和相关部门	①实施方案 ②核定方案效果 ③审核成果分析，得出审核结论

阶段	工作内容	完成时间	责任部门	产出
持续清洁生产	制订长期污染防治与节能降耗规划，将好的做法纳入管理制度，修改相关文件和管理制度，编写审核报告	2008年11月1—30日	企管部 生产部	①落实清洁生产组织机构 ②完善清洁生产管理制度 ③持续清洁生产计划 ④编写清洁生产审核报告

审核工作计划制订后，审核组长可根据审核工作计划的总体安排，在具体的实施阶段根据审核任务及要求，制订更详细具体的实施计划。实施计划的周期以 15 天左右为宜，内容应为具体的阶段性工作安排、完成的时间、负责实施的人员，以及负责监督检查或考核的人员。实施计划应有完善的考核制度作保障，确保相关人员按时完成各阶段的审核任务。表 3-2 所示为某企业审核准备阶段实施计划。

表 3-2 审核准备阶段实施计划

工作内容	完成时间	责任人	考核人
向公司高层领导汇报清洁生产审核的要求，提出清洁生产审核小组组长及组员名单，由总经理审阅并签批	2008年4月5日	企管部长	管理副总
打印并下发公司文件，任命审核组成员，启动清洁生产审核	2008年4月8日	办公室文员	企管部长
组织清洁生产审核组全体人员专题会议，研究部署清洁生产工作，讨论制订清洁生产审核工作计划	2008年4月10日	企管部长	管理副总
组织进行清洁生产及清洁生产审核专项知识培训，深入组织和动员全体员工参与清洁生产	2008年4月16—18日	人力资源部部长	企管部长
对培训效果进行考试验收，初步征集清洁生产方案并分析和汇总	2008年4月25—30日	企管部长	管理副总

63．清洁生产审核为什么要全员参与，怎样实现

人是组织管理活动的主体，也是管理活动的客体。人的积极性、主观能动性、创造性的充分发挥，人员素质的全面改善和提高，既是有效管理的基础和前提，也是有效管理应达到的效果之一。在日常工作中，组织的各层人员都为生产过程服务，员工自身的操作经验、技能技巧、工作责任心及综合素质等都会明显影响资源能源消耗、过程控制、设备使用和维护状况及产品合格率等，进而影响到资源能源利用效率和废物的产生和排放量。员工服务于生产过程，也最了解生产过程，能够清晰地指出废物在哪里产生，也能够分析出废物产生的原因，并结合实际提出清洁生产方案。实践表明，越是来源于生产基层的清洁生产方案，可行性越高，而且获得的效果越明显。随着清洁生产审核的开展和不断深入，全员的主动参与更为重要，只有人人参与到清洁生产审核过程中，才能更多地获得清洁生产方案，组织获得的经济效益和环境效益也才会更显著。

全员参与的核心是调动人的积极性，当每个人的才干得到充分发挥并能实现创新和不断改进时，组织才会获得最大的经济效益和环境效益。

组织可采取以下措施调动员工的积极性，实现全员参与：

（1）建立完善的清洁生产激励机制，从精神和物质两方面鼓励和鼓舞员工积极参与清洁生产审核，特别是激励机制应落实，对已经实施并取得效益的清洁生产方案提出人员，应按制度给予奖励，逐步使员工在工作业绩中获得成就感，激励员工进一步发挥积极性和创造性。

（2）通过组织文化的建立，以及广泛、深入的宣传和培训活动，提高员工思想意识，使员工认识到环境保护与每个人都息息相关，谁都不能脱离环境而独立存在。环境保护既是社会和企业的责任，同时也是每个公民的责任。从经济效益的角度来讲，员工与组织的命运是一致的，只有组织获得更大的经济效益和环境效益，员工才

会得到更多实惠，员工的收益，建立在组织的发展和壮大之上。

（3）积极创造和提供员工增强其自身能力、知识和经验的机会，使员工综合素质不断得到提高，同时在生产过程中要不断锻炼和培养员工发现问题、分析问题和解决问题的能力，使员工能够自觉地利用清洁生产理念处理问题。

64. 开展清洁生产审核宣传教育的方式和内容

（1）开展清洁生产审核宣传教育的方式

①利用组织现行的各种例会；

②下达开展清洁生产审核的正式文件；

③通过内部电视、录像、广播、网络；

④通过黑板报、简报、宣传标语；

⑤通过专项培训班、报告会、研讨班；

⑥开展各种咨询；

⑦发放宣传手册、宣传单；

⑧开展知识竞赛，举办征文活动，方案征集等。

（2）开展清洁生产审核宣传教育的内容

①环境保护现状和资源能源与可持续发展的矛盾；

②清洁生产以及清洁生产审核的概念及技术发展；

③清洁生产和末端治理的内容及其利与弊；

④国家、地方关于清洁生产的法律法规及相关的支持政策；

⑤国内外组织清洁生产审核的成功实例，如隐性浪费的发现等；

⑥清洁生产审核中的障碍及其克服的可能性；

⑦清洁生产审核工作的程序与要求；

⑧本组织鼓励清洁生产审核的各种措施；

⑨本组织各部门已取得的审核效果，它们的具体做法等。

具体要求：开展清洁生产审核宣传教育要注重形式多样化、员工参与全员化、内容通俗化、结果实效化。

65．现场调研应收集哪些资料，为什么

（1）应收集的资料

①组织概况

❖ 组织发展简史、规模、产值、利税、组织结构、人员状况和发展规划等；

❖ 组织所在地的地理、地质、水文、气象、地形和生态环境等基本情况。

②组织的生产状况

❖ 组织的主要原辅材料（包括能源和水）；

❖ 主产品、副产品；

❖ 组织产品的主要工艺流程，为产品生产服务的辅助工艺流程；

❖ 组织的主要设备和辅助设备，及设备的先进程度和维护使用状况等。

③组织的环境保护状况

❖ 主要污染物及其排放情况，包括状态、数量、毒性等；

❖ 主要污染源的治理现状，包括处理方法、设施、控制效果、存在问题及单位废弃物的年处理费等；

❖ 废弃物的循环及综合利用情况，包括方法、效果、效益以及存在的问题；

❖ 组织涉及的有关环保法规与要求及达标情况，如排污许可证、区域总量控制指标、行业排放标准等。

④组织的管理状况

包括从原料采购和库存、生产及操作到产品出厂的全面管理水平，还包括是否建立了管理体系和进行了有关认证，如 ISO 9001 质量管理体系、ISO 14001 环境管理体系、环境标志产品等认证。

⑤国家产业政策情况

对于建成时间较早及在生产过程中产生或使用有毒有害物质的

组织，应收集《淘汰落后生产能力、工艺和产品的目录》以及相关行业的产业政策进行对比和分析，如存在国家规定淘汰或明令禁止的生产技术、工艺、设备以及产品，组织应制订相应的方案，以便在审核结束时能够达到国家产业政策要求。

⑥同行业工艺设备和资源能源利用情况

收集行业的清洁生产标准（包括发布稿、征求意见稿和报批稿等）、行业已经发布的公开信息等，与组织现状进行比较，找出不足，并根据不足提出方案。

⑦环境影响评价情况

是否按要求实施环境影响评价，对比分析环境影响评价结论与组织当前的实际状况的差异；重点收集环境影响评价要求采用的清洁生产技术、废物控制措施、资源能源消耗等相关的数据和资料，确定组织是否按环境影响评价要求实施污染控制。

（2）收集资料的目的

收集以上资料的目的，主要是用来对组织现状进行一次全面的评估和分析，通过自身与同行业的数据对比以及对国家产业政策分析、对行业发展趋势的预测和评估，为组织当前的实际状况进行一次系统、全面的诊断，确定组织当前在同行业中所处的地位和水平，明确企业存在的差距和问题，为确定清洁生产审核重点提供依据。

通过对比和分析企业的现状资料，初步发现组织存在的不足，为制订可行的清洁生产方案提供依据。例如，某生产企业 2005 年柴油消耗为 72.88 升/万块产品，2006 年的柴油消耗为 126.64 升/万块产品，经分析和评估，认为该组织管理方面存在漏洞，使用中有丢失和浪费现象，同时企业没有相关的管理制度，导致员工没有节约的积极性。根据原因分析，组织制定了相应的管理制度和考核机制，经过近一年的控制和管理，到 2007 年 11 月首轮清洁生产审核结束时，该企业柴油消耗下降至 45.29 升/万块产品，取得了较好的经济效益和环境效益。

66. 现场考察的时机和方法

现场考察至少应分三次进行，每次进行的目的和侧重点各有不同。

（1）第一次：初步考察：

本次考察应在清洁生产审核启动时，进行清洁生产宣传和教育的培训之前。本次现场考察的目的是初步了解组织现状，为宣传和培训提供素材。

方法是按照组织产品生产的工艺流程，从头到尾地进行一次全面考察，同时对与产品生产有关的辅助工序（如锅炉房、污水站、供电系统、供排水系统、生活保障系统等）也进行一次全面考察。考察的目的是发现问题，如显而易见的资源能源浪费现象、供排水系统和设备的“跑冒滴漏”、过程控制不严、设备不均衡等。对发现的问题，可以进行拍照，并制成培训教材，在清洁生产培训时，结合发现的问题引入清洁生产的理念，将理论与组织实际相结合，使培训达到最佳效果。

（2）第二次：深入考察

本次考察应在现场调研结束，审核重点确定之前进行。通过对现场调研收集到的资料进行评估和分析，对组织的生产工艺、资源能源消耗、废物产生和排放控制情况等均有了初步认识，本次考察是对调研分析和评估结果的现场确认和补充。考察的方法为按照产品生产的工艺主流程，从头到尾进行全面考察。较初步考察而言，本次考察应深入细致，同时，考察时重点关注产污排污多的环节，资源能源消耗大的环节，设备陈旧或生产波动大的环节，生产中存在瓶颈的环节，以及社区、环保部门等相关方关注的环节或部位。

本次考察的目的是对调研资料的完善和补充，为选择备选审核重点和最终确定审核重点提供依据。同时通过现场考察，发现并实施简单易行的无/低费方案，贯彻落实“边审核、边实施、边见效”的原则。

（3）第三次：重点考察

本次考察应在审核重点确定后，物料实测输入输出前进行。考察的方法是针对审核重点进行深入、细致的考察。考察的目的是进一步了解和熟悉审核重点的工艺流程、设备状况、物料控制过程以及废物产生的环节和部位，为选择实测输入输出物流的方法、监测点以及监测设备等做好准备，为物料平衡测算奠定基础。

三次考察的目的不同，侧重点也不同。总体原则是由面及点、由粗到细、由浅入深，是清洁生产审核逐步深入原理的具体应用。

67. 怎样通过现场考察发现清洁生产方案

预审核阶段的现场考察，是初步发现清洁生产方案的最直接、最有效的方法之一。现场考察时应时刻牢记清洁生产审核的“三层思路”和“八个要素”，通过观察、询问、比较和分析发现问题（废物产生、浪费等），查找问题产生的原因，并根据原因产生方案。

现场考察产生方案的关键是发现问题，问题的发现与考察人的经验、技巧和采用的方法密切相关。现场考察应关注以下几方面可能存在的问题。

（1）原辅材料和能源

①采购过程：原辅材料质量；性价比；规格型号；包装适宜性；包装质量；采购运输中的损耗；验收时的计量、质量化验；采购批量；采购计划的及时性和准确性等。

②仓储过程：仓储条件；收、发手续；存储期限；存储数量；码放及防护措施；先进先出实施情况以及储存场地离使用地的距离（即二次倒运情况）、是否发霉变质等。

③原料使用：原料消耗的考核制度；包装（袋装、罐装、散装）的适宜性；是否倒净；是否有扬洒、散落遗失；原料配比的适宜性；原料投入的计量等。

④能源（仅指电，煤、重油、天然气等作为原材料考虑）：能源节约的控制指标及考核制度；人员节能意识；开关配置；节能设

备（灯）的采用及使用控制情况；设备空运转及长明灯现象等。

⑤水：节水措施及实施；水循环利用情况；管网的完好情况；“跑冒滴漏”现象；长流水现象；阀门质量以及水消耗指标的制定及考核。

（2）生产工艺

生产工艺的成熟程度及先进性；组织整体的工艺布局；是否采用清洁生产工艺；是否为国家产业政策规定的淘汰工艺等。

（3）设备

设备的先进性；设备的维护维修情况；设备的“跑冒滴漏”；设备间的配套性；设备节能措施的选用；设备配件及油品的使用情况等。

（4）过程控制

工艺（温度、压力、流量、时间、速度、浓度等）的控制措施及保证情况；过程控制的自动化程度；设备安全性的控制；原料配比的合理性等。

（5）管理（包括生产管理、质量管理、环境管理、设备管理等）

资源、能源消耗指标的建立及考核；生产计划的合理性；操作规程的执行情况；生产环节衔接的紧密性；各操作单元间的协调配合；激励机制的建立和实施；现场管理情况等。

（6）产品

产品与市场的适应性；产品本身的环保要求；产品的储存和防护措施；产品的包装；产品合格率；产品从入库、储存到交付整个过程的二次倒运等。

（7）废物处理与循环利用

废物产生的方式、位置、数量及处置措施和效果等。例如，锅炉炉渣的含碳量及处理；锅炉排污的频次及控制措施；锅炉废气的温度及循环利用措施；蒸汽尾气的循环利用情况；蒸汽冷凝水的循环使用；产品废品的控制及收集、处置措施；生产过程中余能余热的循环利用；生产废水的循环利用；包装物等的循环利用；其他废物的合理利用等。

（8）人员

人员的清洁生产意识；人员操作的技能技巧及操作的熟练程度；员工参与的主动性及激励机制等。

现场考察时，除关注上述潜在问题外，还应按照工艺流程从头到尾进行，注重细节，并能透过现象看本质，善于从蛛丝马迹中发现问题。例如，在考察某企业的原材料使用时，发现地面有一块较大的湿迹。经询问，使用的原材料为 180 kg 桶装化学药剂，经深入分析，发现其取料方法不适宜，造成每次取料时都会流失 1 kg 左右的原料，后经简单的操作方法改进，就解决了上述问题，收到了良好的经济效益和环境效益。

另外，现场考察时还要克服习以为常的思想障碍，要转变观念，换一个角度来审视组织的现状。

68. 如何对组织的现状进行对标或评价

（1）与行业清洁生产标准比较：对于已经发布行业清洁生产标准或清洁生产审核评价体系的组织，应将组织的现状与标准逐一对比，并将对比结果进行评估和分析。

（2）未颁布行业清洁生产标准的组织，应与国内外同类企业比较。具体做法是：汇总收集国内外同类产品生产企业采用的工艺、技术装备、生产消耗、产排污及管理水平等资料，同组织当前的各项指标进行比较和评价，列表说明，并从影响生产过程的八条途径进行初步分析，找出差距存在的原因，评价当前状态下资源能源利用和产排污是否合理。

（3）对无行业清洁生产标准又很难收集同行业相关信息的组织，应进行组织的自身比较：通过现场调研、现场考察等方式收集近年来的资源能源消耗、污染物控制、产排污数量的变化以及环境守法达标情况、排污费缴纳情况和处罚情况等历史资料，分析和评价组织产排污控制的实际效果，通过对当前状况下最佳水平和最差水平的分析和评估，找出原因，为制订清洁生产方案提供依据。

通过对比和分析，从企业的技术装备、资源能源利用，污染物的产生，废物回收、利用、处理，企业管理等方面得出评价结论。

69. 确定审核重点时，是否所有组织都要先确定备选审核重点

否。对工艺简单、产品单一、生产规模较小的组织，可不进行备选审核重点的确定，而直接确定出审核重点。

70. 确定备选审核重点的原则

（1）污染严重、消耗大的环节；
（2）难于控制及构成生产“瓶颈”的环节；
（3）使用和排放有毒有害物质的环节；
（4）环境及公众压力大的环节或问题；
（5）有明显的清洁生产机会，措施一旦实施，易于取得显著经济效益和环境效益的环节；
（6）对区域环境质量改善有重要作用的环节；
（7）排放超过浓度标准或总量指标的污染物产生部位。

需要注意的是，实际审核中，根据调研和现场考察的结果，综合考虑组织的财力、物力、人力以及产排污状况等相关因素，按照上述原则，一般选出数个备选审核重点（车间、工段、操作单元及问题点）；操作单元指具有物料的输入、加工和输出功能，完成某一特定工艺过程的一个或多个工序或工艺设备；生产过程通常由若干操作单元构成，原则上所有操作单元均可作为潜在的审核重点。

71. 如何确定审核重点

确定的审核重点应符合组织实际，审核中可将组织的某一分厂、某一车间、某个工段、某个操作单元、某一种物质（如某种污染物）、某一种资源（如水）、某一种能源（如电、煤、天然气等）

物）、某一种资源（如水）、某一种能源（如电、煤、天然气等）作为审核重点。在一轮清洁生产审核中，由于时间、精力及资金等因素影响，一般选择一个审核重点。对于相关性特别强的，也可以选定两个或两个以上的审核重点，如某淀粉生产企业将淀粉二车间和全公司的生产废水作为审核重点。

确定清洁生产审核重点的方法很多，这里介绍最常用的三种方法。

（1）权重总和计分排序法：适用于生产规模大、生产工艺复杂、生产单元多的大中型企业。

用权重总和计分排序法确定审核重点，一般应先确定数个备选审核重点，调研和收集备选审核重点的相关资料，然后根据权重因素打分、统计比较后加以确定。这种方法具有较强的科学性，审核重点的确定直观明了，是确定审核重点的最主要方法之一。

（2）简单比较法：适用于工艺简单、污染物比较单一或种类较少、而生产单元又较多的组织。实际操作中可根据组织关注的因素，对备选审核重点情况进行简单比较，将涉及因素多的备选审核重点定为最终的审核重点。如某制造企业利用简单比较法确定审核重点情况如表 3-3 所示。

表 3-3　简单比较法确定审核重点

因素	备选重点		
	一车间	二车间	三车间
水消耗量所占比例是否较大	√	×	×
能否通过改造减少污水排放量	√	√	√
能源消耗比例是否大	√	×	×
废气、粉尘产生量所占的比例是否大	√	√	×
可否采用成熟、先进的工艺设备来改善现有生产	√	×	×
技改在短时间内能产生较大经济效益及环境效益	√	×	×
生产稳定性是否会影响到整个生产系统的稳定	√	√	√
成品合格率在同行业中所占比例是否较低	√	×	√
清洁生产的积极性是否高	√	√	√
综合结论	√	×	×

（3）直接判断法：适用于问题突出或生产规模小、污染物种类单一、操作单元较少或生产中使用或产生有毒有害物质的组织。实际审核过程中，可直接将该操作单元（车间）、整条生产线、某种物质或使用、产生有毒有害物质的车间（或部位）直接确定为审核重点。

例 1：燃煤电厂煤炭消耗是其生产成本的主要构成（在 70%左右），可直接确定与煤有关的环节为审核重点。

例 2：只有一个生产车间的果汁榨汁厂、一个酱油酿造车间的调料厂，可直接确定生产车间为审核重点；虽有很多操作单元，但只有一条密闭连续不可分割的生产线，可直接将该生产线确定为审核重点。

例 3：只有一条合成氨生产线的化工厂、一条密闭自动化生产线的复合肥生产厂，可将整条生产线直接确定为审核重点。

例 4：将产生有毒有害物质的电镀车间直接确定为审核重点。

确定审核重点时应注意以下几点。

（1）对初次进行清洁生产审核的组织，由于审核经验不足，审核重点选择时宜粗不宜细，即尽量选择生产车间、生产线为审核重点，而不选择某一工段或操作单元为审核重点。

（2）审核重点的选择应考虑到审核阶段的实测输入输出物流的要求，即通过一定的方法和手段，能够测量审核重点物料的输入输出。尤其是化工企业，产品生产大多在密闭容器内进行化学反应，操作单元间以密闭管道连接，由于设计的缺陷，物料在各操作单元的进出口处没有监测设备。例如合成氨生产企业，有造气、脱硫、变换、脱碳、铜洗、合成等多个操作单元，审核中很难对各操作单元的物料进行实测。对这样的组织，审核重点选择时宜将整条生产线作为审核重点，为审核阶段的物料平衡测算奠定基础。

（3）审核重点应符合组织实际，即使生产同类产品、采用同种设备和相同工艺的组织，其审核重点也可能不尽相同。审核重点的确定，除与工艺技术、设备状况有关外，还与组织的资源能源消耗、产排污状况、管理状况、产品合格率、不同地区的环保要求、社区关注程度等诸多因素有关，所以审核重点的确定不可照搬同行业其他组织的情况。如啤酒生产企业，审核重点有的是糖化车间，有的是发酵车间，有的却是罐装车间。

72. 权重总和计分排序法是怎么回事

（1）什么是权重总和计分排序法

通过综合考虑各因素的权重及得分，得出每一个因素的加权得分值，然后将这些加权得分值进行叠加，以求出权重总和，再比较各权重总和值来做出选择的方法。

（2）什么是权重

权重是指对各个因素具有权衡轻重作用的数值，统计学中又称权数。其数值的大小代表该因素的重要程度。

（3）如何确定权重因素

❖ 重点突出，主要为实现组织清洁生产、污染预防目标服务；
❖ 因素之间避免相互交叉；
❖ 因素含义明了，易于打分；
❖ 数量适当（一般5个左右）。

（4）权重因素的种类

①基本因素。

❖ 环境方面：减少废物、有毒有害物质的排放量，或使其改变组分、易降解、易处理，降低有害性（如毒性、易燃性、反应性、腐蚀性等）；减少对工人安全和健康的危害，以及其他不利环境影响；遵循环境法规，达到环境标准。
❖ 经济方面：减少投资；降低加工成本；降低工艺运行费用；降低环境责任费用（排污费、污染罚款、事故赔偿费等）；物料或废物可循环利用或回用；产品质量提高。
❖ 技术方面：技术成熟，技术水平先进；可找到有经验的技术人员；国内同行业有成功案例；运行维修容易。
❖ 实施方面：对工厂当前正常生产以及其他生产部门影响小；

易于施工，周期短，占用空间小；工人容易接受。

②附加因素。

❖ 前景方面：符合国家经济发展政策；符合行业结构调整和发展；符合市场需求。

❖ 能源方面：水、电、汽、热的消耗减小，或水、汽、热可循环利用或回收利用。

（5）怎样确定权重分数值

根据各因素的重要程度，将权重值简单分为三个层次：高重要性（权重值为8～10）；中等重要性（权重值为4～7）；低重要性（权重值为 1～3）。结合已开展的清洁生产审核工作，各权重因素值（W）规定如下范围较适合：

废物量：W=10：环境代价：W=8～9；废物的毒性：W=7～8；清洁生产潜力：W=4～6；车间的关心与合作程度：W=1～3；发展前景：W=1～3。

①环境代价的含义包括：

❖ 内部环境代价：能耗、水耗、原材料消耗，废物回收费用，末端处理处置费用，产品质量下降费用。

❖ 外部环境代价：排污费、罚款。

②清洁生产潜力可从产品更新、原材料替代、加强内部管理、技术改造和现场循环利用五个方面考虑。

③某一因素又可分为若干小因素。如废物可细分水、气、渣等。

（6）注意事项

①附加因素的选择视具体情况而定；

②权重的具体数值在给定的权重范围内视实际情况而定，一旦确定，其所针对的所有备选审核重点或被选方案均是一致的；

③打分时，不要预先带有优劣的主观倾向；

④打分时，不要受权重的影响；

⑤考虑各因素之间的关系：相互排斥、相互包容还是相互关联；

⑥计权排序结果的合理性，可结合经验判断。

73. 清洁生产审核中如何使用权重总和计分排序法

在清洁生产审核中，共有两处使用权重总和计分排序法：

（1）预审核阶段。权重总和计分排序法是确定审核重点时比较常用的一种科学、严谨的方法。采用此方法确定审核重点时，应首先确定权重因素，然后收集备选审核重点的相关资料，按照一定的比例进行打分，将各得分值叠加，得分最高者为本轮审核重点。表 3-4 和表 3-5 所示为某食用油生产企业利用权重总和计分排序法确定审核重点的过程。

权重总和计分排序法的权重打分值应有一定的依据，避免个人主观倾向，最好与备选审核重点的情况说明表结合使用。打分时以说明表为依据，每一因素中均以因素最大值确定为满分，其他的按比例给分。对没有基础数据作依据的权重因素（如表 3-5 中市场发展潜力、车间积极性等），可由审核小组成员分别打分，然后取其平均值作为权重值。

（2）方案的产生和筛选阶段。此方法可适用于所有方案的筛选和排序，但由于组织在清洁生产审核中产生的方案通常比较多，而此方法又过于烦琐，所以此方法一般适用于通过简易筛选获得的中/高费方案的进一步排序，从而得出中/高费方案优先研制和方案确定的顺序。

当组织对获得的中/高费方案进行初步筛选后，获得的中/高费方案数量仍然较多，但因财力和精力等因素限制，又不能全部进行方案的确定和实施时，利用该方法对方案进行排序较好。当初步的简易筛选后，中/高费方案仅剩 3 个（含 3 个）以下，组织对这 3 个方案进行研制和方案的确定，一旦可行又都计划实施时，可不必再对中/高费方案进行权重总和计分排序。

表 3-4　备选审核重点情况汇总

序号	备选审核重点名称	废弃物量/（t/a）		主要消耗							环保费用/（万元/a）		
				原料消耗		水耗		能耗		小计/（万元/a）			
		水	渣	总量/（t/a）	费用/（万元/a）	总量/（万 t/a）	费用/（万元/a）	总量	费用/（万元/a）		末端治理费	排污费	小计
1	榨油厂	4.54	—	23.71	82 984	6.668	24.2	煤：2.02 万 t 电：1 278.06 万 kW·h	1 548	84 556	45.4	10	55.4
2	蛋白车间	3.85	—	5.19	9 800	13.5	49	煤：2.049 万 t 电：832.47 万 kW·h	1 334	11 183	38.5	7.6	46.1
3	精炼车间	1.47	—	19.43	73 101	1.70	6.2	煤：0.336 5 万 t 电：196.16 万 kW·h	249	73 356	14.7	3.9	18.6

表 3-5 权重总和计分排序法确定审核重点

因素	权重值 W（1～10）	备选审核重点得分					
		榨油厂		蛋白车间		精炼车间	
		R（1～10）	R×W	R（1～10）	R×W（1～10）	R（1～10）	R×W
废弃物量	10	10	100	8.5	85	3.5	35
主要消耗	9	10	90	1.5	13.5	9	81
环保费用	8	10	80	8.5	68	3.5	28
废弃物毒性	7	6	42	4	28	7	49
市场发展潜力	5	5	25	6	30	10	50
车间积极性	4	10	40	8	32	10	40
总分[∑(R×W)]			377		256.5		283
排序			1		3		2

74. 设置清洁生产目标应考虑哪些因素

设置清洁生产目标，应根据组织的实际情况，针对审核重点。同时，在设置时应考虑如下因素：

（1）环境保护法规、标准及区域总量控制规定的要求；

（2）国家产业政策要求；

（3）国内外同行业的水平与本组织存在的差距；

（4）审核重点的工艺技术水平和设备能力；

（5）组织的能力、发展远景及规划要求等。

75. 设置清洁生产目标的要求有哪些

（1）针对审核重点，目标值应量化、可测量，并有绝对量和相对量；

（2）目标值适度，经过努力和清洁生产方案的实施可以实现目标；

（3）具有灵活性，可以根据需要和实际情况做适当调整；

（4）分阶段，一般分为近期、中期和远期；

（5）能减少物耗、能耗、水耗和降低生产成本；

（6）有激励作用，通过目标的实现，能给组织带来明显效益；

（7）符合组织生产经营总目标；

（8）满足环保法规、标准及区域排放总量要求；

（9）设定的清洁生产目标值应具有可比性，即审核前后的目标值能够比较，且能够反映组织的真实状况。

76. 怎样合理设置清洁生产目标

（1）当组织某项污染物排放浓度或排放总量不达标时，应首先将该污染物的达标排放作为清洁生产目标，其近期、中期目标应实现达标排放的要求。

（2）对调研收集到的资料进行对比和分析，将国内外先进水平或平均水平的资源能源利用指标、产排污指标作为本组织清洁生产目标。在将上述指标作为组织的清洁生产目标时，其目标值的设定应充分考虑组织自身的设备、技术工艺、管理状况、人员素质及生产规模等因素，过高则成为虚设，过低又失去意义。

（3）当组织的污染物排放达标，而又没有同行业的指标作参考时，可将审核重点的主要原料、能源、水的消耗、污染物排放量、成品率等指标的历史最佳水平作为清洁生产目标值。

（4）当组织中存在国家产业政策淘汰的工艺、设备或产能达不到要求的情况时，应将这些内容设定为清洁生产目标。

（5）可作为清洁生产目标的通用项目：单位产品的综合能耗、单位产品的电耗、单位产品标煤消耗、单位产品水耗、单位产品蒸汽消耗、单位产品主要原料消耗、单位产品废水产生量、污染物特性指标（COD、SS、BOD、噪声、重金属、粉尘等）、成品率、劳动生产率，以及组织关注的其他项目等。目标值根据组织的实际情况及上述方法确定。

将污染物特性指标作为清洁生产目标时，宜用产生量而不用排放量（污染物排放浓度或总量超标的企业除外），宜用单位产品产生量而不用污染物浓度值，如可用 COD 产生量（kg/单位产品）作为目标，而不用 COD 排放浓度或排放量做目标。如果用排放量做目标，则无法体现清洁生产审核的源削减和过程控制的效果（但应考虑生产规模效率的影响因素）。某榨油厂清洁生产目标制定如表 3-6 所示。

表 3-6　某榨油厂清洁生产目标

序号	项目	现状	近期目标（2007 年 12 月）		中期目标（2010 年 12 月）	
			绝对量	相对量/%	绝对量	相对量/%
1	加工吨大豆耗水量/（kg/t）	281	261	7.1	240	14.6
2	加工吨大豆耗电量/（kW·h/t）	53.9	40	25.8	30	44.3
3	加工吨大豆耗标煤量/（kg/t）	63.4	60	5.4	50	5.4
4	加工吨大豆耗溶剂量/（kg/t）	0.913	0.9	1.4	0.88	3.3
5	加工吨大豆废水产生量/（t/t）	0.27	0.18	33.3	0.12	55.55
6	加工吨大豆 COD 产生量/（kg/t）	0.02	0.018	10	0.015	25
7	出粕率/%	77.73	80	2.92	82	5.5

注：以上清洁生产目标的设置参照了行业清洁生产标准。其中，近期目标值为清洁生产三级标准；中期目标值为清洁生产二级标准。

你知道吗

每节约一吨标准煤

每节约一吨标准煤可以发 3 000 kW·h 的电。按照工业锅炉每燃烧一吨标准煤就产生二氧化碳 2 620 kg、二氧化硫 8.5 kg、氮氧化物 7.4 kg 计算，可以相应减少产生量，为改善空气质量作出贡献。

77. 清洁生产目标何时设置

实际审核中，很多组织对设置清洁生产目标的意义不清楚，同时也担心目标完不成会影响清洁生产审核的成果。为满足清洁生产审核程序的要求，这些组织多在编写审核报告时对照已完成的结果来设定清洁生产目标，这样做就失去了设置目标的实际意义。

也有些观点认为，既然清洁生产目标设置是针对审核重点的，所以设置目标的时机应在审核阶段而不是在预审核阶段。

那么，到底何时设置清洁生产目标更合适呢？

答案是在预审核阶段审核重点确定后。原因如下：

（1）有关环境保护的法规、标准等必须执行，当未满足要求时，可将其设定为目标，通过方案的制订和实施，达到守法要求。

（2）通过预审核，已初步发现审核重点存在的主要问题，而这些问题的解决，直接影响着组织环境保护目标的实现；

（3）组织对环境保护有了一定的认识，并做了一些工作和计划；

（4）组织对审核重点问题的解决有了一些设想；

（5）为了达到某种目的，如组织升级，组织不得不实现一定的环境目标；

（6）目标是行动的动力。目标确定后，再通过审核阶段进行系统、深入、重点的研究，并针对性的制订和实施方案，确保目标达成，最终实现环境保护的目的。

78. 未能完成设定的清洁生产目标怎么办

目标是努力和奋斗的方向。既然是努力和奋斗的方向，就有达到或达不到两种可能，因此应正确对待目标的完成情况。实际审核工作中，设定的清洁生产目标未完成的原因是多种多样的，既有目标设定的因素，也可能与组织的设备、人员、过程控制、产能等因素有关，还可能与统计方法有关。所以，在审核结束时，如果统计结果显示目标没有完成，审核小组应对未完成的原因进行重点分析，寻找出未完成目标的真正原因，然后根据原因，再次制订清洁生产方案并予以实施。

然而，实际审核中，有些组织为防止目标完不成，采用在审核结束时，结合实际统计结果来制定目标。这样设定的目标，表面看虽然达到了目标，但这也仅是一组“完成任务的漂亮数据”，对企业清洁生产审核没有任何指导和促进作用。

目标未完成，也许是组织更深层次开展清洁生产审核的机会！

79．预审核和审核阶段的流程图有何区别

预审核阶段和审核阶段一般都要绘制流程图，其主要区别在于应用流程图的目的不一样，其绘制的要求也有所区别。

（1）预审核阶段

绘制流程图的目的在于全面了解组织的工艺过程，其流程是组织从原辅材料开始到产品产出的所有主过程，同时也包括为生产服务的辅助过程，关注的是各过程的产排污情况。预审核阶段的流程图，也可以叫做工艺流程及排污节点图。如某生产水泥的组织，其预审核阶段的工艺流程及排污节点见图 3-1。

（2）审核阶段

审核阶段的流程图针对的是审核重点，其目的是了解审核重点的物料输入和输出，为物料输入输出的实测和分析服务。审核阶段的流程图可以是组织主流程图的一部分，也可以是某个车间、工段或操作单元的局部流程图，其关注的是重点设备和进出设备的物流，有时编制的是工艺设备流程图。如某水泥企业审核重点（烧成车间）设备工艺流程见图 3-2。

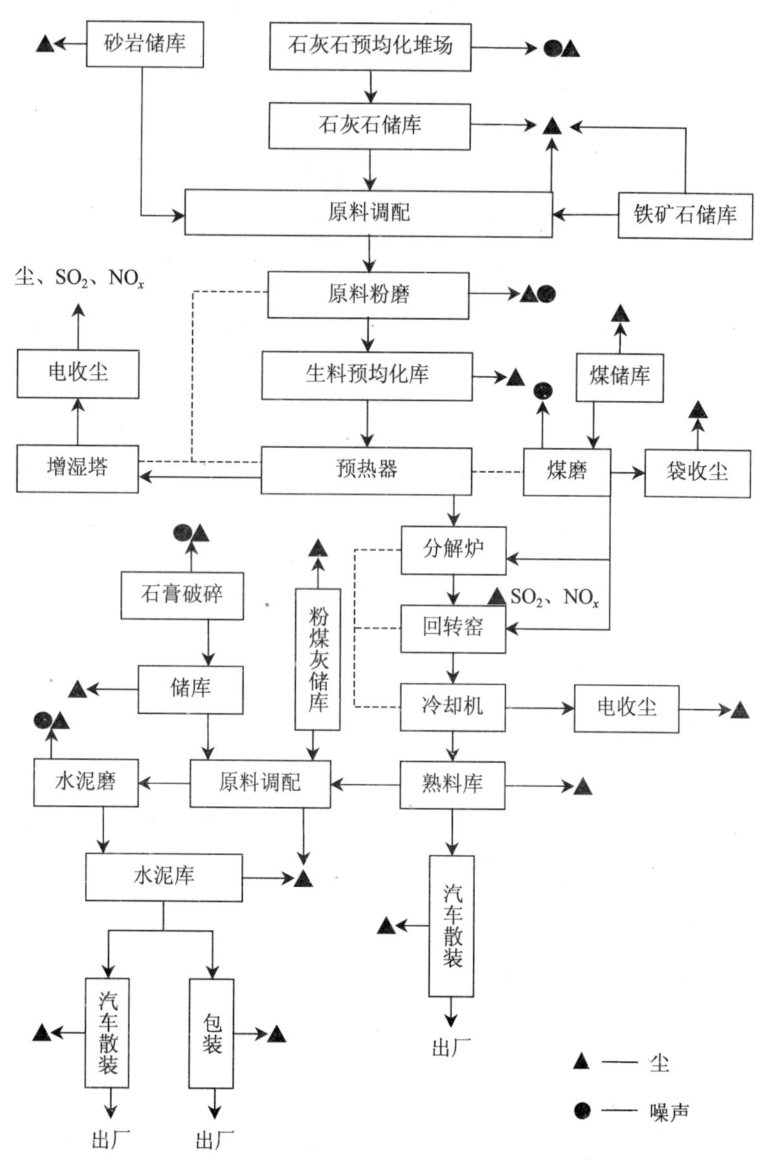

图 3-1 某水泥生产企业工艺流程及排污节点

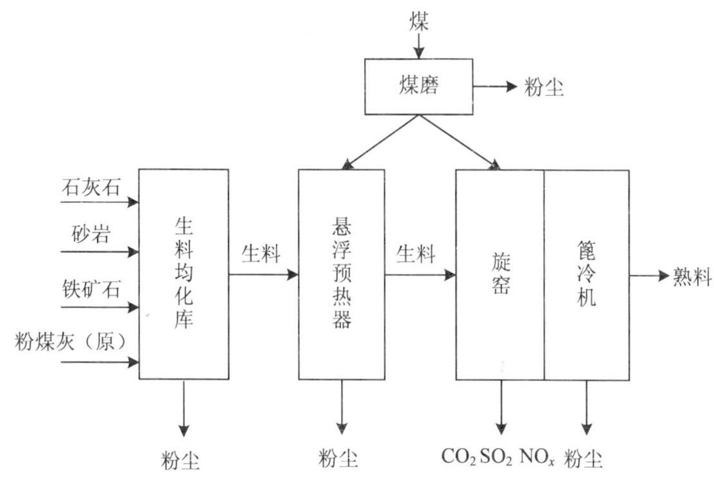

图 3-2 某水泥生产企业审核重点（烧成车间）设备工艺流程

80. 怎样进行物料输入输出的实测

（1）为确保对审核重点废物产生原因分析的准确性，审核中必须实测审核重点的输入和输出物流。由于各种因素的影响，仅依靠以往统计数据分析废物产生的原因，可能会影响分析结果的准确性，所以尽量不要采用以往生产报表中现成的统计数据来代替审核中的实测数据。

（2）实测审核重点的输入输出物流应按正常的一个生产周期（一次配料由投入到产品产出为一个生产周期）进行逐个工序的查定，而且至少要查三个生产周期（或连续生产 72 h）的全部物料投入和产品（包括中间产品、副产品）及废物排放的数据。

对于周期性生产的组织，如果审核重点含有多个生产工序和操作单元，实测时应特别注意，必须追踪实测的是同一批物料在各个操作单元的输入输出，并记录输入输出结果。这个周期与产品生产周期有关，个别的时间会很长。如硫酸铝生产，从原料输入反应釜开始，经多次沉降、储存、蒸发直至结晶破碎，最后得到硫酸铝产品，其实测应是从输入反应釜开始时的所有物料，然后实测该批物料及经反应后所得的硫酸铝在各操作单元的输入输出，不可与其他周期的原料和产品混淆。

对于连续生产的组织，实测时应注意开始和结束时间的一致性，确保满足连续监测 72 h 的要求，同时应保证是在正常工况条件下进行的实测。

（3）为确定某一物质的利用率或满足某种废物产生原因分析的需要，审核时可单独实测某一种物质，建立该物质的物料平衡。如选矿企业，可单独实测和计算某种金属的输入输出，建立该金属的物料平衡，定向分析该金属的得率、流失及尾渣产生原因等。

（4）对于工艺复杂的化工生产型组织，如腈纶生产企业，物料输送及反应均在密闭容器和管道中进行，审核重点虽有很多工序和操作单元，但由于设计原因，实测各工序或操作单元的输入输出物流是不现实的。在这种情况下，实测时可简单地将整条生产线作为一个操作单元，实测整条生产线在监测周期内所有物料的输入输出。

（5）许多审核重点的输出中有粉尘、废气及其他气态物质，实测时很多组织不具备该输出的监测手段，对这部分输出量，可以请环境保护监测部门进行实测，也可以参照当年的环境监测报告进行数据核算或通过合理的理论计算获得。

（6）实测输入输出偏差，一般要求在 5%以下，有毒有害物质的偏差要求更低，一般控制在 2%以下。

以上所述实测包括在正常工况条件下，生产过程中的各种计量数据和为补充完善生产物流及废物流信息而增加的监测。

81. 实测物料输入输出的偏差是否只要小于 5%就行，超过 5%怎么办

在清洁生产审核过程中，用作物料平衡测算的输入输出数据，其偏差结果一般要求小于 5%，但不是只要偏差小于 5%就行。其中

对贵重成分、有毒有害物质，偏差要求更低。另外，在平衡测算时，物料的输入输出数据偏差虽不超过 5%，但偏差数值较大，也应分析偏差原因，必要时重新监测，以确保平衡测算分析和评估结果的准确性。表 3-7 所示为某榨油厂 3 天实测的输入输出数据汇总。

表 3-7　某榨油厂审核重点输入输出数据汇总

输入/t		输出/t	
输入物	数量	输出物	数量
大豆	2 016.23	毛油	345.657
溶剂	1.85	豆粕	1 434.235
		豆皮	163.698
		挥发油剂	0.75
合计	2 018.08	合计	1 944.34

通过表 3-7 中数据可以看出，输入输出物料偏差为 3.65%。偏差范围虽然小于 5%，但经测算可知，3 天物料偏差为 73.74 t，价值 25.81 万元，偏差数值和价值都较大，对企业影响深远。如果直接用这组数据进行物料平衡测算，其评估和分析结果很难反映物流的真实状况，也就不能准确分析废物产生和物料流失的原因。后经审核小组分析并核对数据后发现，物料实测时未分析原料和产品中的水分，也未监测生产过程中散失的水蒸气量。找到原因后，经重新实测，其偏差降到了 0.22%。

在清洁生产审核的实际工作中，实测的输入输出物流偏差往往超过 5%。当偏差超过 5%时，经实测的输入输出数据不能用来作为物料平衡测算的依据，应检查造成误差大的原因，并重新实测输入输出物流。

82. 审核中的重要环节

（1）物料平衡

物料平衡的原理是：物质输入总量＝物质输出总量。

我们知道，所有的废物都是由符合要求的原材料转换成的，产生的废物减少了，就是提高了原材料的利用效率。

物料平衡是实现清洁生产审核目的重要环节之一。在组织的实际生产过程中，由于种种原因，往往存在废物产生量大、原料转化率低、原料流失等现象。物料平衡就是通过对生产过程中各操作单元物料输入输出的实测，定量分析并找出物料流失及废物产生的部位和原因，并根据原因制订相应削减方案的一种手段和方法。

实际审核中发现，很多组织由于对物料平衡的目的和意义不清楚，虽然按照审核程序进行了物料平衡测算，但没有对平衡测算结果的偏差、废物产生和物料流失的原因进行分析，更不用说根据分析结果产生适宜的清洁生产方案了。事实上，物料平衡测算后的准确分析至关重要，是产生清洁生产方案的前提和基础。

清洁生产审核过程中，针对物料平衡测算数据，组织可先广泛收集国内外同行业先进技术和数据资料，然后邀请行业专家参与，并召集生产、技术及相关岗位人员共同分析，根据分析结果全面系统地制订清洁生产方案。

例如，某硫酸铝生产企业通过物料平衡测算发现，硫酸综合利用率为 92.7%，铝矾土矿粉中的 Al_2O_3 利用率只有 78.91%，未得到有效利用的 Al_2O_3 弃渣成为废品。审核人员分析反应率低的原因为：

①过程控制不严格，矿石粉磨后的细度未达到要求；

②反应釜的温度计和压力计已损坏，反应温度和压力控制靠人工经验掌握，造成原料反应不充分；

③操作人员对反应的温度和压力控制不重视，操作规程未严格执行。

根据以上原因分析，审核人员制订了相应的清洁生产方案并及时实施，到审核结束时，Al_2O_3 利用率上升至 82.6%，企业取得了环境效益和经济效益的双赢。

（2）能源平衡

解读清洁生产的定义，能源是清洁生产审核中必须关注的重要对象。对企业的能源进行审核是对企业能源利用状况进行综合分析与评价的过程，是清洁生产审核的重要组成部分。通过这一环节，找出企业高能耗、低能效的部位，并提出相应的对策，可达到合理利用现有能源，减少浪费的目的。因此，在审核中针对企业的能源利用情况，对企业的耗能情况，例如对燃料的质量、设备热效率等进行相应的实测和平衡测算，就会发现在能源利用效率方面存在的问题，即本组织在燃料、电能、热能利用上的潜力，通过技术改造实现节能降耗的绩效，同时还可取得可观的经济效益。所以，特别是在“节能减排”的今天，能源平衡更是审核中不容忽视的重要环节。

能源平衡中要依据国家现行有效的能源相关标准要求。常用的有：《热设备能量平衡通则》《设备热效率计算通则》《评价企业合理用电技术导则》《评价企业合理用热技术导则》《综合能耗计算通则》《企业能量平衡通则》等。

（3）水平衡

节约水资源是当今世界关注的主题。水是企业生产的“血液”，工业企业是用水大户，也是节水的重点部门，更是清洁生产审核重点关注的环节。审核中的水平衡，是通过对目前生产过程中各类水的供入、使用、消耗、循环、回用、损失、排放等众多环节的测试量化和科学分析而建立的。通过平衡可得到工业用水重复利用率、新鲜水补充率、间接冷却水循环利用率、工艺水回用率、锅炉蒸汽冷凝水回用率、单位产品用新水量、单位产品用水量等用水指标的信息，并根据数据和分析结果发现企业潜在的节水环节。因此，审核中水平衡的分析是实施节水的基础性技术工作，在审核中要本着科学严谨的态度，依据《企业水平衡与测试通则》去实施，重视数据的可靠性、真实性，才能为企业提出切实可行的节水措施。某机械公司对月用水情况进行了监测并建立了简易水平衡图，如图 3-3 所示。

通过图 3-3，可以清晰地看出该企业用水消耗及废水产生情况。审核人员经过对现场和产品用水水质进行详细分析后，制订了冷却水循环再利用方案。方案实施仅投入 10 万元，就实现了年节约清水 15.5 万 t 的环境效益和经济效益，同时还削减了 61%的废水排放量。

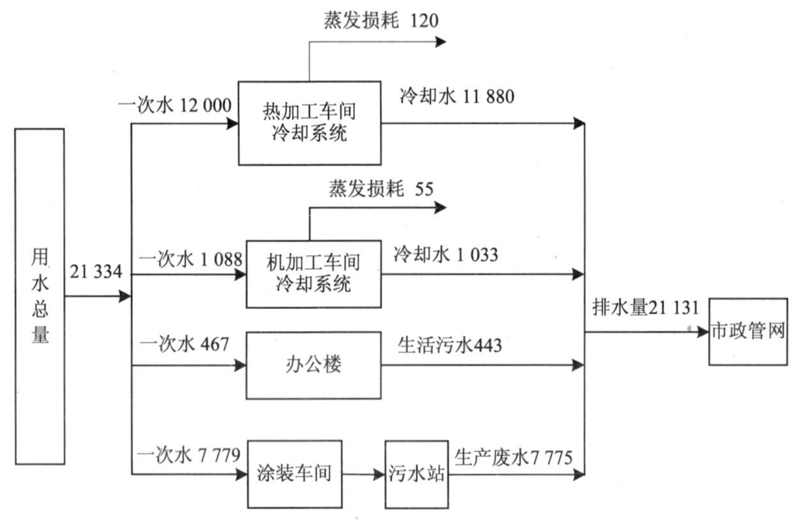

图 3-3　某机械公司水平衡（单位：t/月）

你知道吗

我国水环境

水资源现状：我国是一个干旱、缺水严重的国家。淡水资源总量为 28 000 亿 m^3，占全球水资源的 6%，仅次于巴西、俄罗斯和加拿大，居世界第四位，但人均只有 2 200 m^3，仅为世界平均水平的 1/4、美国的 1/5，在世界上名列 121 位，是全球 13 个人均水资源最贫乏的国家之一。

水资源利用率现状：我国农业水资源利用率只有 40%左右；工业用水方面，我国炼钢等生产过程的单位耗水量比国外先进水平高几倍甚至几十倍，水的重复利用率不到发达国家的 1/3。

水污染现状:

（1）全国地表水污染依然严重。2008 年的监测结果表明，七大水系水质总体为中度污染，浙闽区河流水质为轻度污染，西北诸河水质为优，西南诸河水质良好。长江、黄河、珠江、松花江、淮河、海河和辽河七大水系水质总体与上年持平。200 条河流 409 个断面中，Ⅰ~Ⅲ类、Ⅳ~Ⅴ类和劣Ⅴ类水质的断面比例分别为 55.0%、24.2%和 20.8%。其中，珠江、长江水质总体良好，松花江为轻度污染，黄河、淮河、辽河为中度污染，海河为重度污染。

（2）湖泊（水库）富营养化问题突出。28 个国控重点湖（库）中，满足Ⅱ类水质的 4 个，占 14.3%；Ⅲ类的 2 个，占 7.1%；Ⅳ类的 6 个，占 21.4%；Ⅴ类的 5 个，占 17.9%；劣Ⅴ类的 11 个，占 39.3%。主要污染指标为总氮和总磷。在监测营养状态的 26 个湖（库）中，重度富营养的 1 个，占 3.8%；中度富营养的 5 个，占 19.2%；轻度富营养的 6 个，占 23.0%。

（3）全国近岸海域水质总体为轻度污染。近海大部分海域为清洁海域；远海海域水质保持良好。2008 年，近岸海域监测面积共 281 012 km^2，其中一类、二类海水面积 212 270 km^2，三类为 31 077 km^2，四类、劣四类为 37 665 km^2。

四大海区近岸海域中，黄海、南海近岸海域水质良，渤海水质一般，东海水质差。北部湾海域水质优，黄河口海域水质良，一类、二类海水比例在 90%以上；辽东湾和胶州湾海域水质差，一类、二类海水比例低于 60%且劣四类海水比例低于 30%；其他海湾水质极差，劣四类海水比例均占 40%以上，其中杭州湾最差，劣四类海水比例高达 100%。

（4）生产线平衡

生产线平衡指应用工序分析、时间研究的方法，对生产流程做多因素评估，是科学管理工业生产的有效工具。那么何时需要进行生产线平衡分析呢？一是审核时发现企业生产效率低下，需要缩短产品的生产周期；二是生产线操作人员数量配置不合理，需根据产量的变动提出最佳配置方案；三是改变产品规格后需调整流水线作业环节；四是拟改变原有生产方式。有以上需求时，均可以使用该方法。

在进行生产线平衡时接触到流程、节拍、瓶颈。其中流程指企业特定生产线的生产流程；节拍指连续相同的两次服务和两批产品之间的间隔时间，对节拍的评估重点是发现工艺流程中生产节拍最慢的环节，即瓶颈。瓶颈直接影响了其他环节的生产效率，造成生产流程中节拍的不一致。例如人力不足、原材料不能按时到位、某环节的装备规模或设备故障等问题，都有可能成为瓶颈。瓶颈是低效率的根源，通过生产线工艺平衡对操作程序、动作、人力配置、规划、输运、时间等进行分析和再设计，可达到提高人员及设备的工作效率，提高人均产量，解决生产效率低下等问题的目标。

（5）指标评估

指标评估法是对企业的技术装备、资源能源利用，污染物的产生，废物回收利用、处理，企业管理等方面进行分析时使用的工具。例如，在预审核和审核阶段发现、分析问题时，使用指标评估法；在方案实施阶段，分析清洁生产审核对企业影响时也使用该方法。

具体操作：首先采用原国家环境保护总局发布的中华人民共和国环境保护行业标准《清洁生产标准》进行对比和分析；当尚无该行业标准时可采用国家发展和改革委员会发布的《行业清洁生产评价指标体系》（试行）进行对比评估；如审核企业不在已经发布的系列标准和指标体系的范围内，可根据相应行业的征求意见稿进行对比；若上述资料仍不能涵盖所审核的组织时，可汇总国内外同类工艺、同等装备、同类产品、先进生产、消耗、产污及管理水平等进行技术指标对比和分析。

83．怎样系统地产生清洁生产方案

清洁生产审核的核心是提出、制订和实施能够降低资源能源消耗，通过源头和过程控制，减少污染物产生量、排放量及其毒性的方案。更多清洁生产方案的产生，是清洁生产审核取得经济效益、环境效益和社会效益的前提，而清洁生产方案的产生，贯穿清洁生产审核的全过程，各阶段可利用的清洁生产方案产生的方法如下。

（1）审核的准备阶段

可在广泛、深入地全员清洁生产知识培训后进行全员的清洁生产知识考试，试卷中要求员工结合本岗位提出清洁生产方案；也可以向管理者和专业技术人员下发合理化建议表，定向征集合理化建议；还可以组织征集清洁生产方案的竞赛活动等，例如，某外资企业征集清洁生产方案时组织了“吝啬鬼大赛”活动，一次性征集到可实施的清洁生产方案 20 多条，全面激发了员工参与清洁生产的积极性。

本阶段产生清洁生产方案的关键：一是宣传动员要到位，培训能够使员工理解并接受；二是广泛发动，全员参与；三是对员工的合理化建议和方案必须及时、全部汇总，不能遗漏；四是要有明确的激励机制，并予以兑现。

（2）预审核阶段

利用调研结果，对收集到的数据进行比较和分析，从分析中根据原因产生方案；利用现场考察的机会，全面系统地依据“八条途径”产生方案，可参照本书“67. 怎样通过现场考察发现清洁生产方案”的要求进行。

本阶段产生方案的关键：①对调研的结果，关键是分析。调研不是收集一堆数据和资料放在那里，也不仅仅是为编制审核报告，而是通过分析和比较，寻找不足并分析原因，再根据原因产生方案。例如，某山梨醇生产企业，审核人员在将调研收集的资料与同行业对比时发现，本企业的催化剂消耗水平高于同行业，经过审核人员的分析，发现同行业将用过的催化剂回收再生后重复利用，而本企业却全部作为废品处理了。审核人员因此制订了催化剂回收再利用方案，经过技术人员的攻关，不仅实现了催化剂的循环利用，同时还取得了可观的环境效益和经济效益。②现场考察要全面，边考察边记录，考察后要及时汇总并召集审核小组成员进行原因分析和制订方案。③针对发现的问题，组织企业相关部门和审核小组人员从“八条途径”去分析原因、产生对策。

（3）审核阶段

利用物料、水、能源平衡结果，分析物料流失和废物产生的原因，并根据原因产生清洁生产方案。

本阶段产生方案的关键是原因分析，应从影响生产过程的“八条途径”系统地分析，参与人员应广泛，最好包括聘请的技术专家、组织的技术人员、生产人员、审核重点的关键岗位人员、审核小组成员及其他相关人员等。物料流失及废物产生部位清楚、原因分析准确是方案产生的前提。在原因分析后、产生方案时应避免技术、资金障碍，产生方案时要坚信“没有做不到，只有想不到”、“没有最好，只有更好”的理念，将可能的方案全部产生出来。此时，关注的重点是能否削减废物，而不必更多地关注方案是否可行。可行与否在方案筛选和方案的确定时考虑，同时许多方案实施不了有时是暂时性的，这也恰好为技术人员提供了今后研究的方向。

（4）方案的产生和筛选阶段

本阶段的重点是汇总前几个阶段已经产生的方案，同时可再次邀请行业专家，一方面是参与方案的筛选；另一方面结合行业特点和行业发展的需求，提出新的清洁生产方案。

本阶段能否再产生新的方案，其关键是技术专家的技术、经验和行业熟知程度。

（5）方案的确定阶段

本阶段工作的重点是对初步分析可行的中/高费方案进一步进行技术评估、环境评估和经济评估。在评估过程中，可能原方案从技术、环境、经济的角度不可行，但分析过程中会发现，在分析原方案的基础上往往会产生新方案。

（6）方案实施阶段

本阶段工作的重点是方案的实施以及评估方案的实施效果。在对无/低费方案实施效果进行汇总，验证已实施的中/高费方案成果时，可重点关注方案实施后是否达到预期效果，如未达到，可进一步分析原因，继续提出新的方案，并作为持续清洁生产方案予以实施。

本阶段方案产生的关键是分析方案实施效果未达到的原因、分析清洁生产目标未完成的原因、对比分析审核前后资源能源消耗和污染物产生量的变化原因，然后根据原因产生新的方案。

84. 方案筛选的方法和应考虑的因素

（1）方案的筛选方法

①简易的初步筛选法。简易的初步筛选法是清洁生产审核中方案筛选的最简捷、最实用的方法。实施时，一般由清洁生产审核组长组织、召集公司领导、技术人员、生产人员、方案提出人员以及其他相关人员，必要时可邀请行业专家，对所有方案进行初步筛选。筛选时一般以专项会议的形式进行，先由方案提出人员对方案进行简要介绍，其他人员质询和评价，组织领导最终确定是否实施。为节约方案初步筛选的时间，在会议开始前，审核小组在对方案进行汇总的基础上，应先将相同或相近的方案进行合并。

②权重总和计分排序法。此方法虽然比较科学和严谨，但由于使用时考虑因素较多，而且也比较烦琐，所以用权重总和计分排序法筛选方案有一定的局限性。当组织对方案进行简易筛选后，获得初步可行的中/高费方案数量较多且组织又不能全部进行方案的确定和落实时，一般用权重总和计分排序法根据中/高费方案对审核目标的影响程度进行排序，以便通过最佳方案的实施，解决企业的主要问题，获得最大的经济效益和环境效益。

（2）方案筛选时应考虑的因素

方案筛选时考虑的因素可根据组织的具体情况确定。一般应重点考虑方案的技术可行性、环境效果、方案实施所需的投资及方案实施后可获得的效益等。

85. 是否所有中/高费方案都要进行市场调研

否。在方案的确定阶段，并不是对所有初步可行的中/高费方案都进行市场调研。进行市场调研一般应满足如下条件：

（1）拟对产品结构进行调整；

（2）有新的产品（副产品）产生；

（3）将得到用于其他生产过程的原材料。

对未满足上述条件的中/高费方案，有时也需要市场调研，比如方案所需设备的质量、价格、实用性等；同行业相同技术、方案的实施效果等；国家、地区对方案的产业政策和支持程度等。这些调研，一般不在方案的确定阶段的专项市场调研中进行，而应在方案的产生和筛选阶段完成。

86. 环境评估要回答的问题是什么

环境评估主要针对的是初步可行的中/高费方案，目的是从环境角度更深入地判定中/高费方案的可行性。环境评估关注的重点是方案实施后环境方面的变化，通过对方案实施后环境方面的预测分析，及与审核前的环境状况对比得出方案是否可行的结论。

环境评估可重点关注以下几方面：

（1）资源能源消耗的变化；

（2）废物（固、液、气等）的变化，以及是否有新的污染物产生、是否有二次污染或交叉污染；

（3）使用的原辅材料及产生和排放废物的毒性变化；

（4）产品生命周期的分析；

（5）对人员健康的影响；

（6）安全性方面的变化。

87．技术评估要回答的问题是什么

技术评估针对的也是初步可行的中/高费方案，评估的目的主要是从技术角度，研究该方案与国内外同行业相比是否先进，在本组织中是否实用及在具体的技术改造中是否可行、可实施。归根结底，技术评估是从方案的技术工艺、设备选用和安装、实施空间、人员要求以及公共设施配套性等方面对方案的可行性进行判断，最终给出方案是否可实施的结论。

技术评估重点关注以下方面：

（1）技术的先进性、成熟程度及其安全性、可靠性，有无实施先例；

（2）对产品质量、生产能力、生产管理以及操作人员要求的变化；

（3）组织是否有足够的空间，水、电、汽、热等公共配套服务能否满足；

（4）许可证的申请；

（5）设备及其配件采购的难易程度；

（6）与组织原有设备、技术工艺等的衔接和配套性。

88．经济评估要回答的问题是什么

经济评估也是针对初步可行的中/高费方案，评估的目标是要说明资源的利用优势，以项目投资所能增加的效益为评价内容，进而判定该方案实施后预期的经济效果。在审核中，组织应首先对初步筛选合格的中/高费方案进行环境评估和技术评估，二者均可行后才有必要进行经济评估，否则不必进行方案的经济评估。

经济评估涉及的评价指标主要包括：总投资费用（I）、年运行费用总节省金额（P）、新增设备年折旧费（D）、应税利润（T）、净利润、年增加现金流量（F）、投资偿还期（N）、净现值（NPV）

和内部收益率（IRR）等。其中，投资偿还期、净现值和内部收益率三个指标，是方案经济评估最主要的指标，审核中应逐一计算并判定是否满足如下条件：

（1）投资偿还期（*N*）应小于定额偿还期，同时还应满足：中费项目：*N*<2～3 年；较高费项目：*N*<5 年；高费项目：*N*<10 年；

（2）净现值为正值：NPV≥0；

（3）内部收益率：IRR≥IC（IC 为基准收益率、行业收益率或银行贷款利率）。

对方案的经济评估，以上三个指标均满足各自条件时，经济评估可行；否则，方案不可行。

89．如何确定已实施无/低费方案的效益

已实施无/低费方案的效益，可从定性和定量两方面来衡量。

（1）定性。如员工清洁生产意识的提高、生产现场的规范整洁、没有长流水和长明灯现象、没有跑冒滴漏现象、员工执行操作规程或规范的认真程度等对组织经济效益和环境效益有明显作用，可用文字概括，但不能用数量来核算的效益。

（2）定量。通过调研、实测和计算等方法，确定清洁生产方案实施后给企业带来的量化的经济效益和环境效益。对于已经实施的无/低费方案，如果能够实测方案实施前后资源能源消耗、废物产生和排放量变化的，则按实测值来确定方案的经济效益和环境效益，例如方案实施前后相同时间内能源消耗、油品消耗、产品产量、产品合格率等数据，可通过实际的测量获得。对于不能通过实测的，则可以通过合理的计算来确定已实施方案的效益，在实际计算中应写出计算过程，并征询相关人员以及财务人员的认可，计算过程的关键是合理。某外资企业无/低费方案效益的计算过程如表 3-8 所示。

表 3-8 某外资企业无/低费方案效益计算过程

方案名称	计算方法	经济效益万元/a	环境效益
办公室照明灯午休 1 h 自主熄灯	管理场：330 个灯管，现场事务栋：156 个灯管 方案实施后的年环境效益： (330+156)根×0.018 kW/根×1 h/d×313 d=2 738 kW·h 年经济效益：2 738 kW·h×0.5 元/kW·h=1 369 元	0.136 9	节电 2 738 kW·h/a

90. 从哪些方面验证已实施中/高费方案的成果

所谓验证，就是通过提供客观证据，对已实施中/高费方案完成效果的认定。验证已实施中/高费方案的成果，重点是收集方案实施前后的相关数据，通过对审核前后数据的对比和分析，得到已实施中/高费方案的经济效益和环境效益，并将收集到的实际效益与方案设计时的理论效益进行对比和分析，从中发现不足，相应地完善和补充方案，以获得最佳效益。

验证已实施中/高费方案的成果时，具体可从以下几方面进行评价：

（1）技术评价

主要评价各项技术指标是否达到原设计要求，若未达到要求，如何改进。

（2）环境评价

主要对中/高费方案实施前后各项环境指标进行追踪，并与方案的设计值相比较，考察方案的环境效果以及组织环境形象的改善程度等。

（3）经济评价

通过分别对比产值、原材料费、能源费、公共设施费、水费、污染控制费、维修费、税金以及净利润等经济指标在方案实施前后的变化以及实际值与设计值的差距，从而获得中/高费方案实施后所产生的经济效益情况。

（4）综合评价

通过对每个中/高费方案进行技术、环境、经济三方面评价，对各自的实施效果做出综合、全面的判断。

91．从哪些方面分析总结已实施方案对组织的影响

分析总结已实施方案对组织的影响，是组织客观、公正地对已完成清洁生产审核的正确评价。本阶段的工作重点是清晰、准确、真实地汇总已实施方案获得的效益，广泛宣传审核成果，树立员工开展清洁生产的信心。同时进一步收集和分析相关数据，发现不足，产生新的方案，为持续清洁生产指明方向。

分析总结已实施方案对组织的影响，具体可从以下几方面进行：

（1）汇总环境效益和经济效益

汇总已实施无/低费和中/高费清洁生产方案的成果，进行分析和广泛宣传。

（2）对比分析审核前后各项单位产品指标的变化情况

通过对审核前后组织各项单位产品指标变化情况的对比，结合审核前后各项指标与国内外同类型组织的对比，确定组织审核后在同行业中所处的地位。同时，通过对比和分析，进一步找出差距，分析原因，在更深层次上寻找清洁生产机会。

（3）汇总分析清洁生产目标的完成情况

分析清洁生产目标的完成情况，了解组织的重点环境问题及组织关注的问题是否解决。对清洁生产目标中未完成的项目应重点分析，深层次寻找不足，为持续清洁生产奠定基础。

（4）对比分析审核前后污染物产生和排放量的变化

清洁生产审核的重点是制订和实施降低资源能源消耗、减少废物产生和排放量的方案。通过分析审核前后污染物的产生和排放量

的变化，可以从另一个角度说明本轮清洁生产审核是否成功，同时也可以更深入地发现环境问题并产生新的削减方案。

92．持续清洁生产计划应关注哪些内容

持续清洁生产计划，是一轮清洁生产审核结束时的重要工作，起着承前启后的作用，是组织通过清洁生产审核实现经济可持续发展的重要一环。一个系统完善的持续清洁生产计划，既包括对本轮清洁生产审核未完成方案的具体安排，还包括下一轮清洁生产审核的重点和组织在一段时期内研究与发展的方向，同时也应包括清洁生产持续进行的保障措施等。因此，组织对持续清洁生产审核计划的编制工作应给予高度重视。

具体而言，持续清洁生产计划应包括以下主要内容：

（1）本轮审核中提出的可行但尚未实施的清洁生产方案的实施计划；

（2）本轮审核中提出的经简易筛选暂时不可行的方案，以及由于精力、财力、技术等原因，未进行研制和确定的中/高费方案，针对这些方案的再分析、再研制计划；

（3）根据本轮审核发现的问题（尤其是验证已实施中/高费方案的成果、对比审核前后单位产品消耗情况、对比审核前后污染物产生和排放量的变化、统计清洁生产目标完成情况以及与国内外同行业先进水平对比等发现的问题），为下一轮清洁生产审核指明审核重点和方向，并有针对性地提出研究与开发新的清洁生产技术的具体计划；

（4）清洁生产培训计划；

（5）产品结构调整计划；

（6）新、扩、改建项目清洁生产技术和设备采用计划等。

持续清洁生产计划的总体要求为：具体、明确、翔实而简练，具有很强的可操作性。

93. 清洁生产审核报告是由组织还是审核机构编写

清洁生产审核报告是对组织清洁生产审核全过程进行的系统、全面的分析和总结。组织是开展清洁生产审核的主体，而审核机构在整个审核过程中起着辅导和技术支持的作用，清洁生产审核的实质性工作应全部由组织来完成，所以清洁生产审核报告应由组织编写，审核机构应重点对组织清洁生产审核过程的规范性、数据的可靠性和审核绩效的真实性、准确性承担责任。

清洁生产审核报告是具有系统性、完整性和规范性的技术报告，所以审核机构应具有指导组织规范编制合格的审核报告的能力。同时，审核机构还应对组织所编审核报告承担初步审核和评价的职责，以确保审核报告的真实性和规范性，督促和要求组织按审核机构的意见修改和完善审核报告。在政府清洁生产主管部门组织清洁生产审核评估时，如果组织提交的审核报告存在重大纰漏或不符合要求，则审核机构应承担主要责任。

第四章　重点企业清洁生产审核过程要点解读

94．审核的准备阶段

（1）主要工作内容

①取得领导重视。通过对重点企业开展强制性清洁生产审核法律法规要求的宣传和培训，结合重点企业的主要环境问题和企业发展的瓶颈问题，以及企业废物产生与资源能源利用的辩证关系，使企业的高层领导能够充分理解清洁生产审核的重要性、紧迫性和必要性，从而给予清洁生产审核以高度重视并积极参与审核工作。

②建立有效的审核组织机构，制订清洁生产审核计划。在高层领导的重视和参与下，建立职责和分工明确的清洁生产审核组织机构，并制订翔实、可操作性强的审核工作计划。

③全员参与。结合企业实际，在企业内部开展多种形式的系统的清洁生产知识培训，实现全员参与，提高公众意识，在共同克服清洁生产障碍的同时提高企业广大干部、员工的整体素质。

（2）开展工作的方法及要点

审核的准备阶段是整个清洁生产审核过程的策划阶段，是确保清洁生产审核顺利开展并取得成果的关键，具体工作要点如下：

①让领导重视的工作方法及要点：领导的支持和重视是企业开展清洁生产审核并取得经济效益和环境效益的基础和前提，为了让企业领导重视并积极参与可以通过以下几种办法：

❖ 政府引导

清洁生产审核的政府主管部门是重点企业开展清洁生产审核的

监督管理部门，也是清洁生产审核任务下达、组织评估和验收的职能部门，在履行政府职能的过程中，应逐步提高服务意识，以法律法规要求为准绳，采取向重点企业领导宣讲或组织重点企业领导参加培训班、到清洁生产审核优秀企业现场参观和考察等方式，提高企业领导层的清洁生产意识。

❖ 清洁生产审核机构的技术支持

清洁生产审核机构的技术支持是重点企业开展清洁生产审核的“拐杖”。实际审核过程中，审核机构应从企业的主要环境、能耗问题（“两高一重”）入手，分析和了解企业的关注点和需求，结合企业实际情况从不同的角度，采取不同的方式，对企业领导层、管理层和全体员工开展宣传和培训，取得企业领导和全员的支持，使他们积极参与到清洁生产审核工作中来。

②建立有效的审核组织机构的工作方法及要点：在清洁生产审核机构的参与和指导下，企业应由领导牵头，以生产技术、环保部门为基础，结合其他相关部门人员成立以决策层、策划组织层和执行层三位一体、分工明确的清洁审核组织机构，由审核组织机构人员讨论制订切实可行的工作计划，并保证计划应翔实和具有可操作性，涵盖清洁生产审核的全过程，真正做到对审核工作具有指导性。

③达到全员动员的工作方法及要点：全员动员应进行系统的清洁生产知识宣传和培训，培训可在深入、全面和多样性三个方面具体体现：

❖ 深入：针对企业决策层、管理领导层和普通员工三个层次，审核机构应按各层次人员对审核知识不同深度的需求，组织开展有针对性的宣传和培训，使各层次人员都能够深入地理解相关的清洁生产知识，学以致用，恰到好处地将学到的知识应用到实际工作中。

❖ 全面：清洁生产审核知识的宣传和培训涵盖范围应广泛，上到企业的最高管理者、下到企业的每一名员工。

❖ 多样性：指宣传和培训的方式多样化，例如可综合采用知识竞赛、会议、板报、网络、简报、考试等多种形式，寓教于乐，提高员工参与的趣味性和积极性，达到宣传和培训的效果。

（3）本阶段要达到的目的和要求

本阶段要达到的目的和要求：领导重视、全员参与、建立健全了清洁生产审核机构；制订的清洁生产审核计划实施性强；系统地开展了清洁生产宣传与培训，员工的清洁生产意识得到明显改善和提高。

95．预审核阶段

（1）主要工作内容

①了解企业的生产情况和现场状况以及存在的问题。要想知道企业生产现状，必须在宏观和全面地搜集资料的基础上做出初步判断，然后有针对性地对生产、管理、环保全过程进行现场考察；利用收集的资料和现场考察结果对现状进行系统分析，并评价产排污情况，得出结论。必须收集的资料应包括以下内容：

❖ 企业生产情况（企业生产工艺及排污节点、近三年原辅材料和能源消耗、单位产品成本、设备配备和运行）；
❖ 与本企业相关的国家产业政策；
❖ 环保管理情况（主要污染物产生量、控制措施和效果、环评报告及环评验收资料、环境监测报告和排污许可证等）；
❖ 同行业现状水平调查分析。

②确定审核重点并针对重点设置清洁生产目标。通过调研、现场考察以及产排污状况分析，确定审核重点，并根据重点，设定有针对性的清洁生产目标。

（2）开展工作的方法及要点

①了解企业现状的方法及要点：首先要明确收集资料的目的，那就是对企业现状有一个直观的认识，同时通过资料对比和分析，对企业生产和消耗的趋势进行研判，初步发现企业存在的问题和原因，为确定审核重点和制订清洁生产方案提供依据。

❖ 企业生产情况

a. 企业生产工艺及排污节点。收集这方面的资料，需要企业生产和环保部门共同完成。

b. 近三年原辅材料和能源消耗、单位产品成本。企业生产部门和统计部门或者财务部门合作解决这个问题。资料收集统计后，必须对近三年的产品变化状况、单耗、产值等进行分析并做出明确结论，如果存在问题，应有相应的原因分析。

c. 设备配备和运行。企业生产部、设备部、运行部、维修部等相关部门要密切配合，不仅仅是简单的设备统计和运行记录查询，通过这些资料必须对企业的运行管理水平做出一个明确的结论。

某企业在清洁生产审核过程中对近三年的原辅材料和能源消耗数据统计及分析如表 4-1 所示。

表 4-1 某企业近三年原辅材料和能源消耗状况

主要原辅料和能源	单位	近三年年消耗量			近三年单位产品消耗量		
		2005 年	2006 年	2007 年	2005 年	2006 年	2007 年
磷矿	t	266 984	307 021	300 641	3.31	3.56	3.66
硫酸	t	223 665	238 005	241 847	2.77	2.76	2.94
蒸汽	t	180 406	198 302	229 238	2.24	2.3	2.79
水	t	600 654	644 754	846 444	7.45	7.47	10.3
电	kW·h	13 771 045	14 648 137	15 822 695	170.69	169.82	192.6

从表 4-1 的数据比较可以发现，企业近三年原料、能源和水的单耗同比呈上升趋势，其中 2007 年消耗上升趋势更加明显。

审核小组对以上数据进行了分析，认为消耗上升的主要原因是近年来国内磷矿资源减少，磷矿品位不断下降，比如 2005 年磷矿 P_2O_5 平均品位都在 33%以上，2006 年以来，磷矿品位不断下降，至 2007 年，磷矿 P_2O_5 平均品位已不足 31.5%。由于品位的下降，直接导致了单耗不断上升。次要原因是进入反应罐的磷矿粒度较大，反应的转化不完全，未反应的磷矿进入石膏中，导致产品收率低，单耗同比提高。

根据以上原因，企业制订了以下清洁生产方案：

- 短期内立即实施的方案：加强原料采购品位控制；生产过程中原料细磨等。
- 中长期实施的方案：收购矿山或参股选矿企业，延长产业链，源头控制原料矿石品位。

❖ 与企业相关的国家产业政策执行情况

在实际审核过程中，清洁生产审核机构和企业的清洁生产审核小组应收集企业的相关资料，尤其是企业的生产能力和设备明细资料，对照国家产业政策及国家发改委《淘汰落后生产能力、工艺和产品的目录（第一、二、三批）》，逐条对比和分析现状，对企业在产业政策方面作出明确评价。如不符合产业政策时，必须制订和实施清洁生产方案。同时必须注意一点，按国家规定淘汰明令禁止的生产技术、工艺、设备以及产品，是重点企业通过清洁生产审核评估的前提条件。国家环境保护部《关于进一步加强重点企业清洁生产审核工作的通知》（环发［2008］60 号）中第十条第三款明确规定没有按国家规定淘汰明令禁止的生产技术、工艺、设备以及产品的企业，不能通过评估。

例如，某钢铁企业有四座炼铁高炉，其中一座为 450 m^3，另三座均为 205 m^3。2008 年企业清洁生产审核时，审核小组收集了《产业结构调整指导目录》（2005 年本）、《关于钢铁工业控制总量淘汰落后加快结构调整的通知》（发改工业［2006］1084 号）及其他相关产业政策。通过对比和分析发现，企业虽然当前满足国家产业政策要求，但《产业结构调整指导目录》（2005 年本）和《关于钢铁工业控制总量淘汰落后加快结构调整的通知》（发改工业［2006］1084 号）产业政策中，都明确要求企业 2010 年底前要淘汰 300 m^3 及以下炼铁高炉，为企业长远发展和持续符合国家产业政策要求，企业还是应针对分析结果制订相应的清洁生产方案。

❖ 环保管理情况（主要污染物产生量、控制措施和效果、环评报告及环评验收资料、环境监测报告和排污许可证）。

通过在企业收集到的主要污染物产生量、控制措施和效果、环评报告及环评验收资料、环境监测报告和排污许可证资料，必须对企业在环保方面作出如下明确结论：

a. 是否双超、双有；

b. 是否有减排任务；

c. 环保设施是否健全；

d. 运行状况；

e. 近三年污染物排放变化趋势；

f. 单位产品污染物排放变化。

❖ 同行业现状水平调查分析

本步骤在实际审核中的工作难点：

a. 与行业清洁生产标准对比后不会分析，怎么解决？

对于有行业清洁生产标准的企业，审核小组应将收集的资料与标准逐条对比定级，对于没有达到三级标准要求的项目，审核小组应召集生产、技术人员，从影响生产过程的“八条途径”详细、深入地分析原因，必要时邀请行业专家参与，分析确定未达标的原因，并制订清洁生产方案。

b. 没有行业清洁生产标准，审核小组无从下手，怎么解决？

对于没有行业清洁生产标准的企业，审核小组可参照清洁生产标准的几个方面，收集同行业的相关信息进行分析和对比；对于国内没有同行业或确实收集不到同行业相关信息的企业，审核小组可收集本企业的《立项报告》中的方案的确定数据、环境影响报告书中相关数据、历史最好水平等信息进行分析和比较，找出差异和原因，提出改进方案。

例如某钢铁企业在与《清洁生产标准 钢铁行业（高炉炼铁）》（HJ/T 427—2008）进行对比时发现，企业炼铁工序平均热风温度、炼铁工序能耗、入炉焦比、高炉喷煤量等指标未达到三级要求。审核小组邀请行业专家参与，与本企业生产、技术人员分析结果如下：

平均热风温度未达到三级标准的原因：企业建厂时间早，高炉的热风炉使用时间较长，设备保温性能不好；同时热风炉使用的煤气中含有少量粉尘，煤气在热风炉内燃烧时产生的少量尘渣黏附在铝耐火球上，影响热交换效率，导致热风温度上不去。根据以上原因，企业制订了“对热风炉进行维护和保养，更换热风炉高铝耐火球”的方案。

炼铁工序能耗、入炉焦比、高炉喷煤量未达到三级标准的原因：一是企业原料依靠进口，原料品位低，杂质含量高，且还原性能不好，本身就需要增加能耗；二是企业采购的焦炭质量不好，入炉易碎，在高炉内影响透气性，高炉炉况波动频繁，导致煤炭用量减少而焦炭用量偏高，致使炼铁工序能耗偏高；三是企业高炉未采用富氧燃烧工艺，煤炭和焦炭在高炉内燃烧不充分。根据以上原因，企业制定了“加强焦炭采购的质量控制”（无/低费）和“高炉富氧燃烧”（中/高费）方案。

②确定审核重点和目标的方法及要点：确定审核重点的原则和方法，以及制定清洁生产目标的方法和要求，可参阅第三章中的相关内容。

（3）本阶段要达到的目的和要求

①审核过程中收集的资料和对各步骤的分析，应如实反映企业的基本情况，对企业能源资源消耗，产排污现状，各主要产品生产工艺和设备运行状况，以及末端治理和环境管理现状进行了全面的分析，根据分析结果，应能够初步判定企业存在的主要问题和可能的清洁生产方案。

②审核过程中企业确定的审核重点应反映企业的主要问题，不存在审核重点设置错误；

③制定的清洁生产目标应针对审核重点，同时要求科学、合理，具有时限性和前瞻性，通过目标的实现，能够解决“双有双超”、“两高一重”等主要问题。

④在审核过程中，贯彻“边审核、边实施、边见效”的原则，及时实施无/低费方案。

96. 审核阶段

（1）主要工作内容

①对审核重点的现状进行详细的了解和调查。对审核重点的现状进行详细的了解和调查，清晰地了解审核重点的情况，为确定实测点和实测项目打好基础。

②确定实测点和实测项目。实测输入输出物流是一项系统工程。准确可靠的输入输出数据是建立物料平衡和产生清洁生产方案的基础和依据。因此，必须对实测输入输出物流做好充分的准备工作，实测点和实测项目的选择应满足物料平衡分析的需要。

③建立物料平衡。根据企业存在的主要问题和分析的需要，建立物料平衡、能源平衡、水平衡、污染因子平衡等。

④平衡结果的测算与分析。根据物料平衡结果进行测算，寻找深层次问题点和废物（浪费）的主要环节，分析其原因，发现清洁生产机会，产生对策。

（2）开展工作的方法及要点

①审核重点现状调查的方法及要点：

- ❖ 必须与企业生产负责人紧密配合，选定的审核重点车间主任或者班组长一定要参与到工作中，从实际生产过程出发，结合设计图纸开展调查。
- ❖ 不仅要关注生产物流，同时还必须关注其废物流的产生量、成分、去向，所以必须清晰地了解以下几个方面的资料，这样才能为确定实测点和实测项目打好基础。

a. 审核重点的组织结构、平面布置、生产工艺、装置设备、排污节点、管理现状、单元功能等；

b. 实际生产线和设计是否有差别？差别在哪？为什么有差别？

c. 生产过程是连续还是间断、批量？

d. 生产过程中是否有计量装置？可实际计量的数据点有哪些？可以推算的数据点有哪些？

②实测输入输出物流的方法及要点：

❖ 确定实测项目和实测点

实测项目应满足对废物流的分析，应包括原料、辅料、水、产品、中间产品及废弃物；实测点的设置须满足物料平衡的要求，对主要的物流进、出口要监测；

❖ 实测输入输出物流的准备

a. 制订现场实测计划，明确分工，落实职责；

b. 校准或检定监测仪器和计量器具，确保实测结果准确；

c. 对所有参与实测及与实测有关的人员进行培训，掌握实测内容和要求。

❖ 实测要求

a. 实测必须在正常工况条件下进行。

b. 对周期性生产的组织，应至少监测三个周期；对于连续生产的组织，应连续监测 72 h。

c. 在审核重点含有多个生产工序和单元操作的情况下，应实测各个工序和单元操作的输入输出物流，对无法监测的中间过程，可用理论计算值代替。

d. 输入输出物流的测定应对应相同的生产周期。

e. 实测输入输出数据单位要统一。

f. 边实测边记录，及时记录原始数据，同时做好预平衡测算，及时修正偏差。

g. 输入输出物流偏差应小于 5%，对贵重原料、有毒有害成分应更少或应满足行业要求。

❖ 实测数据的难点及解决手段

实测输入输出物流数据的真实性和准确性是建立物料平衡的难点，如果数据误差较大，平衡结果分析将失去意义，依据平衡结果产生的清洁生产方案则很难解决企业的主要问题。实测过程存在的难点及解决方法如下：

a. 成立时间较早的老企业或管理尚未规范的新建企业没有按国家有关规定要求配备计量器具，计量工作很不完善。对于这类企业，在实测过程中，应按设定的实测点配备基本的计量仪器（具），满足物流分析的基本需求。

b. 大多数生产工艺复杂的企业，审核重点包括多个工序或单元操作，企业仅对原料投入和最终产品产出能够计量，生产过程中各单元操作无法测定输入输出量。对于这类企业，实测时可将整个系统作为一个操作单元，实测整个系统的所有输入输出数据，建立物料平衡。如腈纶、复合肥生产等行业。

c. 审核重点的输出中有粉尘、废气及其他气体性物质或废物，针对这些特征性废物数量，组织不具备该输出的监测手段。对于这类企业，可聘请能够监测的单位进行实测，对于生产工艺稳定，生产过程变化小的企业，也可以使用审核前污染源监测报告中的数据进行核算。需要注意的是，污染源监测报告中的数据在做平衡时仅作为参考。

d. 连续生产型企业，实测的单元操作中某一单元操作有存量，对于这类企业，在正常工况条件下，可视同生产过程为均衡运行，存量在生产过程中为衡量，没有变化，可不用实测存量。如浮法玻璃熔窑中的玻璃液和水泥旋窑中物料量均无法测得。

e. 最终产品形式不以质量计量或产品质量有偏差，对于这类企业，实测时可按固定的时间间隔实测单位产品的质量取实测期间的平均值乘以产量获得实测数据。如玻璃、建筑砖块、瓷砖等产品。

f. 生产过程有未反应原料或废物直接进入生产循环，循环量无法测定。对于这类企业，可测定反应后混合物的浓度后进行核算，或按衡量考虑，可不实测此部分量，如氨气合成后的 H_2 和 N_2。

无论采取哪种方法进行实测和平衡测算，均应满足小于 5%或行业要求的偏差范围，实测数据满足对物流分析的需求，否则应分析偏差，重新实测相关数据。

③建立物料平衡的工作方法及要点：依据前面收集的材料以及审核重点的设备工艺流程图或物料输入输出示意图，结合确定的实测点和实测项目，根据物料平衡原理建立平衡。

④平衡结果的测算与分析工作的方法及要点：建立物料平衡、水平衡、能源平衡、污染因子平衡的目的：准确分析物料流失和废物产生的原因，也是产生清洁生产方案的最主要方法之一。平衡结果分析的方法及要点如下：

- 物料流失及废物产生原因分析要全面，即从原辅材料和能源、技术工艺、设备、过程控制、管理、废物、员工和产品八个方面进行全面分析，根据物料流失和废物产生原因制订清洁生产方案。
- 在对物料流失和废物产生原因分析的同时，对物料平衡测算的偏差原因也应进行分析。
- 平衡结果分析时，在对物料流失和废物产生原因分析的同时，还应根据不同行业要求分析物料得率，如选矿的金属得率，硫酸铝企业 Al_2O_3 的得率、磷酸企业 P_2O_5 的得率等；
- 为使原因分析准确、产生的方案具有针对性，参加物料平衡分析的人员应全面，如可包括企业的总工、技术、生产、环保人员、审核重点岗位的操作工人代表以及行业专家等。

（3）本阶段要达到的目的和要求

①对实测重点环节和实测项目把握准确，实测数据真实有效，建立的物料平衡、水平衡、能源平衡和污染因子平衡体现行业特色，不存在平衡和数据等方面的错误。

②依据平衡结果对物料流失和废物产生的原因分析准确，原因分析能够体现出造成企业主要问题的原因和发现深层次问题，并依据原因和问题产生了有针对性的清洁生产方案。

97. 方案的产生和筛选阶段

（1）主要工作内容

对审核过程中产生的所有方案进行汇总和筛选，实施可行的无/

低费方案，确定两个以上初步可行的中/高费方案，并对中/高费方案进行研制。核定已实施无/低费方案成果，编制中期报告。

（2）开展工作的方法及要点

①方案筛选采用的方法：简易的初步筛选法、权重总和计分排序法。

②确定方案的工作方法及要点：

❖ “节能、降耗、减污、增效”的清洁生产八字方针是企业产生方案的基础。对方案的汇总、整理和筛选，应充分考虑方案的可实施性以及方案实施后的经济效果和环境效果。

❖ 企业产生的清洁生产中/高费方案应科学、合理、有效。方案要针对审核重点，以解决企业“双超双有”、“两高一重”的主要问题和实现清洁生产目标为目的。

（3）本阶段要达到的目的和要求

①对“双超双有”企业：通过实施清洁生产中/高费方案，预期效果能使企业在规定的期限内达到国家或地方的污染物排放标准、核定的主要污染物总量控制指标、污染物减排指标。

②对不能进入清洁生产三级标准的企业：通过实施方案，企业能够达到相关行业清洁生产标准的三级或三级以上指标的要求。

③对存在“国家规定淘汰明令禁止的生产技术、工艺、设备以及产品”或不符合产业政策的企业，要将其列为中/高费方案并制订实施计划，最终通过方案的实施满足政策要求。

98．方案的确定阶段

（1）主要工作内容

对初步可行的中/高费方案进行技术评估、环境评估和经济评估，必要时进行市场调研，避免中/高费方案实施后给企业带来的风险。

（2）开展工作的方法及要点

①技术评估和环境评估应全面，评估过程中应充分考虑方案的先进性和成熟程度；充分考虑方案实施前、后及实施过程中可能对企业生产、资源能源消耗、设施配套以及污染物产生和排放的整体影响；充分考虑国家产业政策及企业长远发展规划、企业的整体空间布局和对人员要求的变化等各种因素。

②经济评估所采用的预测数据应科学、合理，预测的资金投入和效益产出应有详细的计算过程。方案的经济评估结果最少应包括投资偿还期、净现值、内部收益率等指标，并满足评估结果要求。

③针对“双超双有”问题企业的污染控制方案必须进行技术评估和环境评估，如果经济效果不明显，可不进行经济评估。

（3）本阶段要达到的目的和要求

①目的：从技术、环境、经济效益三个方面对初步可行的中/高费方案做出明确的评价。

②要求：对方案的分析必须客观真实，为企业投资做好保障。

99. 方案实施阶段

（1）主要工作内容

①进行统筹和安排，实施可行的清洁生产方案，尤其是实施可行的中/高费方案；

②核定已实施无/低费方案的成果，在企业内进行推广和宣传；

③对实施完成并稳定运行三个月以上的中/高费方案，验证其成果；

④分析总结清洁生产审核对企业的影响。

（2）开展工作的方法及要点

①中/高费方案实施时的方法和要点：

❖ 应制订方案实施计划，重点监控实施过程，尤其是方案所涉及的施工、技改、设备选购和安装等环节，避免方案先进而选购的设备落后等不利现象（如采用节能灯具照明出现的“节电不节钱”现象）给企业带来潜在风险。

❖ 应统筹资金、合理规划，尽快实施可行的中/高费方案。为确保企业顺利通过清洁生产审核验收，满足环保部相关（环发［2008］60 号）的要求，通过清洁生产审核评估的重点企业，应在两年内实施完成所有分析可行的中/高费方案。

②核定已实施的无/低费方案成果的方法和要点：尽量量化方案实施所取得的经济效益和环境效益，提供详细的计算过程，以确保效益的真实性。

③对稳定运行满三个月的中/高费方案验证的方法和要点：应以方案实施前后的实测或统计数据为依据验证，并对验证结果进行分析。某企业对“电机采用变频器改造”方案实施后的验证情况如表 4-2 所示。

④清洁生产审核对企业影响的分析方法和要点：从审核前后单位产品消耗变化、审核前后废物产生和排放变化、清洁生产目标完成情况、审核前后所处行业清洁生产水平等方面全面评价。评价所采用的数据必须真实、有效。如果中/高费方案没有完成，还应预测分析方案实施完成后，能否有效解决“双超双有”的主要环境问题、能否达到清洁生产三级以上标准要求、能否达到国家产业政策的要求。以上为量化分析，还应包括定性分析。

（3）本阶段要达到的目的和要求

①目的：按指定的实施计划完成方案的实施，总结方案实施完成后的效果；对无/低费方案实施效果进行汇总，验证已实施的中/高费方案成果，重点关注方案实施后，是否达到预期效果。

②要求：如果方案实施后，未达到预期的效果，必须要分析方案实施效果未达到的原因，对比审核前后资源能源消耗和污染物产生量的变化，加以分析，然后根据原因提出持续改进方案。

表 4-2　某企业“电机变频器改造”方案实施验证情况

电机	项目	电压/V	电流/A	功率因数	电机频率/Hz	风门开度/%	电机输出功率/kW	年耗电量（以330 d计）/（kW·h）	每年可节电量（以330 d计）/（kW·h）	每年可节约电费*/元	节电率/%
A风机（75 kW）改造方案	方案实施前	380	75	0.81	50	50	40	316 800	—	—	—
	设计方案	360	34.4	0.95	40	100	20.4	161 568	155 232	86 929.92	49
	方案实施后	360	23.6	0.95	40	100	14	110 880	205 920	115 315.2	65
B风机（110 kW）改造方案	方案实施前	380	135	0.81	50	50	72	570 240	—	—	—
	设计方案	360	62	0.95	40	100	36.72	290 822	279 418	156 474.08	49
	方案实施后	350	45	0.95	35	100	26	205 920	364 320	204 019.2	64

*：以每千瓦时（kW·h）0.56 元计。

你知道吗

每节约一度电

电力浪费现象在我国极为严重。例如，室内能见度很好，可日光灯却毫无顾忌地开着，成了名副其实的“日光灯”；大商场、超市等公共场所冷气大开，门大敞；一些大的广告牌、形象工程等大耗能灯彻夜不熄；电视机、VCD、空调等家用电器关机后仍处于待机状态，多数家庭从不把白天不用的家用电器插头拔掉；日常工作中，下班关闭电脑主机后不关显示器、不关打印机电源开关的现象十分普遍。专家提出，在用电高峰，如果把空调在习惯温度的基础上调高1℃，可节约10%的电力负荷；使用空调的睡眠功能可以节电20%。如果一座300个房间的宾馆空调温度调高1℃，将解决几十户人家的用电问题。

而每节约一度电相当于节约0.4 kg标煤、4 L净水，同时可减少0.272 kg含碳粉尘排放、0.997 kg二氧化碳排放、0.03 kg二氧化硫排放、0.015 kg氮氧化物排放，在节约能源的同时，也节约了可观的金钱。中国的节能潜力极大，据估计，我国经济和技术上都可行的、可以挖掘的节能潜力达3.5亿~4亿t标准煤，节能市场将达10 000亿元。

100. 持续清洁生产阶段

（1）主要工作内容

①建立持续清洁生产的组织机构；

②建立和完善清洁生产的管理制度；

③制订持续清洁生产计划。

（2）开展工作的方法及要点

①建立持续清洁生产的组织机构的方法及要点：建立持续清洁

生产的组织机构，不是要求企业单独成立一个部门，如清洁生产办公室，而是要求企业结合实际情况，将清洁生产工作做出持续的安排，落实职责和归属，使企业能够持续和长久地开展清洁生产工作。如大多数企业将持续清洁生产工作的职责放在了生产技术部门，也有的企业，将持续清洁生产工作与企业已有的节能委员会或节能减排小组相结合，使清洁生产工作与企业的日常管理工作相融合。

②建立和完善清洁生产管理制度的方法及要点：企业的审核小组应及时总结清洁生产审核的经验和成果，并将经验和成果制度化，上升为企业内部的管理标准，以保证清洁生产的持续有效开展。制度化可包括制定相应的清洁生产管理制度，修改工艺文件、操作规程、作业指导书以及制定奖励奖惩制度等内容。

③制订持续清洁生产计划的方法及要点：审核小组应结合企业实际情况和本轮清洁生产审核发现的问题，制订操作性强的持续清洁生产计划。计划应包括未实施方案的职责和进度安排，持续清洁生产的技术研发重点和方向，下轮清洁生产工作的具体安排和宣传、教育、培训等内容。

（3）本阶段要达到的目的和要求

①目的：持续清洁生产起到承前启后的作用，使组织通过清洁生产审核实现经济可持续发展。

②要求：持续清洁生产必须是一个系统、完善的计划，既包括对本轮清洁生产审核未完成方案的具体安排，还包括下一轮清洁生产审核的重点和一段时间内组织研究与发展的方向，同时还应包括使清洁生产持续进行的保障措施等。

附录一

中华人民共和国清洁生产促进法

（2002 年 6 月 29 日中华人民共和国主席令第 72 号公布
自 2003 年 1 月 1 日起施行）

第一章　总 则

第一条　为了促进清洁生产，提高资源利用效率，减少和避免污染物的产生，保护和改善环境，保障人体健康，促进经济与社会可持续发展，制定本法。

第二条　本法所称清洁生产，是指不断采取改进设计、使用清洁的能源和原料、采用先进的工艺技术与设备、改善管理、综合利用等措施，从源头削减污染，提高资源利用效率，减少或者避免生产、服务和产品使用过程中污染物的产生和排放，以减轻或者消除对人类健康和环境的危害。

第三条　在中华人民共和国领域内，从事生产和服务活动的单位以及从事相关管理活动的部门依照本法规定，组织、实施清洁生产。

第四条　国家鼓励和促进清洁生产。国务院和县级以上地方人民政府，应当将清洁生产纳入国民经济和社会发展计划以及环境保护、资源利用、产业发展、区域开发等规划。

第五条　国务院经济贸易行政主管部门负责组织、协调全国的清洁生产促进工作。国务院环境保护、计划、科学技术、农业、建设、水利和质量技术监督等行政主管部门，按照各自的职责，负责有关的清洁生产促进工作。

县级以上地方人民政府负责领导本行政区域内的清洁生产促进工作。县级以上地方人民政府经济贸易行政主管部门负责组织、协调本行政区域内的清洁生产促进工作。县级以上地方人民政府环境保护、计划、科学技术、农业、建设、水利和质量技术监督等行政主管部门，按照各自的职责，负责有关的清洁生产促进工作。

第六条　国家鼓励开展有关清洁生产的科学研究、技术开发和国际合作，组织宣传、普及清洁生产知识，推广清洁生产技术。

国家鼓励社会团体和公众参与清洁生产的宣传、教育、推广、实施及监督。

第二章　清洁生产的推行

第七条　国务院应当制定有利于实施清洁生产的财政税收政策。

国务院及其有关行政主管部门和省、自治区、直辖市人民政府，应当制定有利于实施清洁生产的产业政策、技术开发和推广政策。

第八条　县级以上人民政府经济贸易行政主管部门，应当会同环境保护、计划、科学技术、农业、建设、水利等有关行政主管部门制定清洁生产的推行规划。

第九条　县级以上地方人民政府应当合理规划本行政区域的经济布局，调整产业结构，发展循环经济，促进企业在资源和废物综合利用等领域进行合作，实现资源的高效利用和循环使用。

第十条　国务院和省、自治区、直辖市人民政府的经济贸易、环境保护、计划、科学技术、农业等有关行政主管部门，应当组织和支持建立清洁生产信息系统和技术咨询服务体系，向社会提供有关清洁生产方法和技术、可再生利用的废物供求以及清洁生产政策等方面的信息和服务。

第十一条　国务院经济贸易行政主管部门会同国务院有关行政主管部门定期发布清洁生产技术、工艺、设备和产品导向目录。

国务院和省、自治区、直辖市人民政府的经济贸易行政主管部门和环境保护、农业、建设等有关行政主管部门组织编制有关行业或者地区的清洁生产指南和技术手册，指导实施清洁生产。

第十二条　国家对浪费资源和严重污染环境的落后生产技术、工艺、设备和产品实行限期淘汰制度。国务院经济贸易行政主管部门会同国务院有关行政主管部门制定并发布限期淘汰的生产技术、工艺、设备以及产品的名录。

第十三条 国务院有关行政主管部门可以根据需要批准设立节能、节水、废物再生利用等环境与资源保护方面的产品标志，并按照国家规定制定相应标准。

第十四条 县级以上人民政府科学技术行政主管部门和其他有关行政主管部门，应当指导和支持清洁生产技术和有利于环境与资源保护的产品的研究、开发以及清洁生产技术的示范和推广工作。

第十五条 国务院教育行政主管部门，应当将清洁生产技术和管理课程纳入有关高等教育、职业教育和技术培训体系。

县级以上人民政府有关行政主管部门组织开展清洁生产的宣传和培训，提高国家工作人员、企业经营管理者和公众的清洁生产意识，培养清洁生产管理和技术人员。

新闻出版、广播影视、文化等单位和有关社会团体，应当发挥各自优势做好清洁生产宣传工作。

第十六条 各级人民政府应当优先采购节能、节水、废物再生利用等有利于环境与资源保护的产品。

各级人民政府应当通过宣传、教育等措施，鼓励公众购买和使用节能、节水、废物再生利用等有利于环境与资源保护的产品。

第十七条 省、自治区、直辖市人民政府环境保护行政主管部门，应当加强对清洁生产实施的监督；可以按照促进清洁生产的需要，根据企业污染物的排放情况，在当地主要媒体上定期公布污染物超标排放或者污染物排放总量超过规定限额的污染严重企业的名单，为公众监督企业实施清洁生产提供依据。

第三章　清洁生产的实施

第十八条 新建、改建和扩建项目应当进行环境影响评价，对原料使用、资源消耗、资源综合利用以及污染物产生与处置等进行分析论证，优先采用资源利用率高以及污染物产生量少的清洁生产技术、工艺和设备。

第十九条 企业在进行技术改造过程中，应当采取以下清洁生产措施：

（一）采用无毒、无害或者低毒、低害的原料，替代毒性大、危害严重的原料；

（二）采用资源利用率高、污染物产生量少的工艺和设备，替代资源利用率低、污染物产生量多的工艺和设备；

（三）对生产过程中产生的废物、废水和余热等进行综合利用或者循环使用；

（四）采用能够达到国家或者地方规定的污染物排放标准和污染物排放总量控制指标的污染防治技术。

第二十条 产品和包装物的设计，应当考虑其在生命周期中对人类健康和环境的影响，优先选择无毒、无害、易于降解或者便于回收利用的方案。

企业应当对产品进行合理包装，减少包装材料的过度使用和包装性废物的产生。

第二十一条 生产大型机电设备、机动运输工具以及国务院经济贸易行政主管部门指定的其他产品的企业，应当按照国务院标准化行政主管部门或者其授权机构制定的技术规范，在产品的主体构件上注明材料成分的标准牌号。

第二十二条 农业生产者应当科学地使用化肥、农药、农用薄膜和饲料添加剂，改进种植和养殖技术，实现农产品的优质、无害和农业生产废物的资源化，防止农业环境污染。

禁止将有毒、有害废物用作肥料或者用于造田。

第二十三条 餐饮、娱乐、宾馆等服务性企业，应当采用节能、节水和其他有利于环境保护的技术和设备，减少使用或者不使用浪费资源、污染环境的消费品。

第二十四条 建筑工程应当采用节能、节水等有利于环境与资源保护的建筑设计方案、建筑和装修材料、建筑构配件及设备。

建筑和装修材料必须符合国家标准。禁止生产、销售和使用有毒、有害物质超过国家标准的建筑和装修材料。

第二十五条 矿产资源的勘查、开采，应当采用有利于合理利用资源、保护环境和防止污染的勘查、开采方法和工艺技术，提高资源利用水平。

第二十六条 企业应当在经济技术可行的条件下对生产和服务过程中产生的废物、余热等自行回收利用或者转让给有条件的其他企业和个人利用。

第二十七条 生产、销售被列入强制回收目录的产品和包装物的企业，必须在产品报废和包装物使用后对该产品和包装物进行回收。强制回收的产品和包装物的目录和具体回收办法，由国务院经济贸易行政主管部门制定。

国家对列入强制回收目录的产品和包装物，实行有利于回收利用的经济措施；县级以上地方人民政府经济贸易行政主管部门应当定期检查强制回收产品和包装物的实施情况，并及时向社会公布检查结果。具体办法由国务院经济贸易行政主管部门制定。

第二十八条 企业应当对生产和服务过程中的资源消耗以及废物的产生情况进行监测，并根据需要对生产和服务实施清洁生产审核。

污染物排放超过国家和地方规定的排放标准或者超过经有关地方人民政府核定的污染物排放总量控制指标的企业，应当实施清洁生产审核。

使用有毒、有害原料进行生产或者在生产中排放有毒、有害物质的企业，应当定期实施清洁生产审核，并将审核结果报告所在地的县级以上地方人民政府环境保护行政主管部门和经济贸易行政主管部门。

清洁生产审核办法，由国务院经济贸易行政主管部门会同国务院环境保护行政主管部门制定。

第二十九条 企业在污染物排放达到国家和地方规定的排放标准的基础上，可以自愿与有管辖权的经济贸易行政主管部门和环境保护行政主管部门签订进一步节约资源、削减污染物排放量的协议。该经济贸易行政主管部门和环境保护行政主管部门应当在当地主要媒体上公布该企业的名称以及节约资源、防治污染的成果。

第三十条 企业可以根据自愿原则，按照国家有关环境管理体系认证的规定，向国家认证认可监督管理部门授权的认证机构提出认证申请，通过环境管理体系认证，提高清洁生产水平。

第三十一条 根据本法第十七条规定，列入污染严重企业名单的企业，应当按照国务院环境保护行政主管部门的规定公布主要污染物的排放情况，接受公众监督。

第四章 鼓励措施

第三十二条 国家建立清洁生产表彰奖励制度。对在清洁生产工作中做出显著成绩的单位和个人，由人民政府给予表彰和奖励。

第三十三条 对从事清洁生产研究、示范和培训，实施国家清洁生产重点技术改造项目和本法第二十九条规定的自愿削减污染物排放协议中载明的技术改造项目，列入国务院和县级以上地方人民政府同级财政安排的有关技术进步专项资金的扶持范围。

第三十四条 在依照国家规定设立的中小企业发展基金中，应当根据需要安排适当数额用于支持中小企业实施清洁生产。

第三十五条 对利用废物生产产品的和从废物中回收原料的，税务机关按照国家有关规定，减征或者免征增值税。

第三十六条 企业用于清洁生产审核和培训的费用，可以列入企业经营成本。

第五章 法律责任

第三十七条 违反本法第二十一条规定，未标注产品材料的成分或者不如实标注的，由县级以上地方人民政府质量技术监督行政主管部门责令限期改正；拒不改正的，处以五万元以下的罚款。

第三十八条 违反本法第二十四条第二款规定，生产、销售有毒、有害物质超过国家标准的建筑和装修材料的，依照产品质量法和有关民事、刑事法律的规定，追究行政、民事、刑事法律责任。

第三十九条 违反本法第二十七条第一款规定，不履行产品或者包装物回收义务的，由县级以上地方人民政府经济贸易行政主管部门责令限期改正；拒不改正的，处以十万元以下的罚款。

第四十条 违反本法第二十八条第三款规定，不实施清洁生产审核或者虽经审核但不如实报告审核结果的，由县级以上地方人民政府环境保护行政主管部门责令限期改正；拒不改正的，处以十万元以下的罚款。

第四十一条 违反本法第三十一条规定，不公布或者未按规定要求公布污染物排放情况的，由县级以上地方人民政府环境保护行政主管部门公布，可以并处十万元以下的罚款。

第六章 附 则

第四十二条 本法自 2003 年 1 月 1 日起施行。

附录二

清洁生产审核暂行办法

（2004年8月16日国家发展和改革委员会、国家环境保护总局令第16号发布 2004年10月1日施行）

第一章 总 则

第一条 为促进清洁生产，规范清洁生产审核行为，根据《中华人民共和国清洁生产促进法》，制定本办法。

第二条 本办法所称清洁生产审核，是指按照一定程序，对生产和服务过程进行调查和诊断，找出能耗高、物耗高、污染重的原因，提出减少有毒有害物料的使用、产生，降低能耗、物耗以及废物产生的方案，进而选定技术经济及环境可行的清洁生产方案的过程。

第三条 本办法适用于中华人民共和国境内所有从事生产和服务活动的单位以及从事相关管理活动的部门。

第四条 国家发展和改革委员会会同国家环境保护总局负责管理全国的清洁生产审核工作。各省、自治区、直辖市、计划单列市及新疆生产建设兵团发展改革（经济贸易）行政主管部门会同环境保护行政主管部门，根据本地区实际情况，组织开展清洁生产审核。

第五条 清洁生产审核应当以企业为主体，遵循企业自愿审核与国家强制审核相结合、企业自主审核与外部协助审核相结合的原则，因地制宜、有序开展、注重实效。

第二章 清洁生产审核范围

第六条 清洁生产审核分为自愿性审核和强制性审核。

第七条 国家鼓励企业自愿开展清洁生产审核。污染物排放达到国家或者地方排放标准的企业，可以自愿组织实施清洁生产审核，提出进一步节约资源、削减污染物排放量的目标。

第八条 有下列情况之一的，应当实施强制性清洁生产审核：

（一）污染物排放超过国家和地方排放标准，或者污染物排放总量超过地方人民政府核定的排放总量控制指标的污染严重企业；

（二）使用有毒有害原料进行生产或者在生产中排放有毒有害物质的企业。

有毒有害原料或者物质主要指《危险货物品名表》（GB 12268）、《危险化学品名录》、《国家危险废物名录》和《剧毒化学品目录》中的剧毒、强腐蚀性、强刺激性、放射性（不包括核电设施和军工核设施）、致癌、致畸等物质。

第九条 第八条第一项规定实施强制性清洁生产审核的企业名单，由所在地环境保护行政主管部门按照管理权限提出初选名单，逐级报省、自治区、直辖市、计划单列市及新疆生产建设兵团环境保护行政主管部门核定后确定，每年发布一批，书面通知企业，并抄送同级发展改革（经济贸易）行政主管部门；同时，将名单在当地主要媒体上公布。

第八条第二项规定实施强制性清洁生产审核的企业名单，由各省、自治区、直辖市、计划单列市及新疆生产建设兵团环境保护行政主管部门会同发展改革（经济贸易）行政主管部门，结合本地开展清洁生产审核工作的实际情况，在分析企业有毒有害原料使用量或者有毒有害物质排放量，以及可能造成环境影响严重程度的基础上，分期分批确定，书面通知企业，并在当地主要媒体上公布。

第三章 清洁生产审核的实施

第十条 第八条第一项规定实施强制性清洁生产审核的企业，应当在名单公布后一个月内，在所在地主要媒体上公布主要污染物排放情况。公布的主要内容应当包括：企业名称、法人代表、企业所在地址、排放污染物名称、排放方式、排放浓度和总量、超标、超总量情况。省级以下环境保护行政主管部门按照管理权限对企业公布的主要污染物排放情况进行核查。

第十一条 列入实施强制性清洁生产审核名单的企业应当在名单公布后二个月内开展清洁生产审核。

第八条第二项规定实施强制性清洁生产审核的企业，两次审核的间隔时间不得超过五年。

第十二条 自愿实施清洁生产审核的企业可以向有管辖权的发展改革（经济贸易）行政主管部门和环境保护行政主管部门提供拟进行清洁生产审核的计划，并按照清洁生产审核计划的内容、程序组织清洁生产审核。

第十三条 清洁生产审核程序原则上包括审核准备，预审核，审核，实施方案的产生、筛选和确定，编写清洁生产审核报告等。

（一）审核准备。开展培训和宣传，成立由企业管理人员和技术人员组成的清洁生产审核工作小组，制订工作计划；

（二）预审核。在对企业基本情况进行全面调查的基础上，通过定性和定量分析，确定清洁生产审核重点和器乐清洁生产目标；

（三）审核。通过对生产和服务过程的投入产出进行分析，建立物料平衡、水平衡、资源平衡以及污染因子平衡，找出物料流失、资源浪费环节和污染物产生的原因；

（四）实施方案的产生和筛选。对物料流失、资源浪费、污染物产生和排放进行分析，提出清洁生产实施方案，并进行方案的初步筛选；

（五）实施方案的确定。对初步筛选的清洁生产方案进行技术、经济和环境可行性分析，确定企业拟实施的清洁生产方案；

（六）编写清洁生产审核报告。清洁生产审核报告应当包括企业基本情况、清洁生产审核过程和结果、清洁生产方案汇总和效益预测分析、清洁生产方案实施计划等。

第四章 清洁生产审核的组织和管理

第十四条 清洁生产审核以企业自行组织开展为主。不具备独立开展清洁生产审核能力的企业，可以委托行业协会、清洁生产中心、工程咨询单位等咨询服务机构协助开展清洁生产审核。

第十五条 协助企业组织开展清洁生产审核工作的咨询服务机构，应当具备下列条件：

（一）具有独立的法人资格；

（二）拥有熟悉相关行业生产工艺、技术和污染防治管理，了解清洁生产知识，掌握清洁生产审核程序的技术人员；

（三）具备为企业清洁生产审核提供公平、公正、高效率服务的制度措施。

第十六条 列入实施强制性清洁生产审核名单的企业，应当在名单公布之日起一年内，将清洁生产审核报告报当地环境保护行政主管部门和发展改革（经济贸易）行政主管部门。中央直属企业应当将清洁生产审核报告报送当地环境保护和发展改革（经济贸易）行政主管部门，同时抄报国家环境保护总局和国家发展和改革委员会。

第十七条 自愿开展清洁生产审核的企业，可以参照本办法第十六条规定报送清洁生产审核报告。

第十八条 各级发展改革（经济贸易）行政主管部门和环境保护行政主管部门，应当积极指导和督促企业按照清洁生产审核报告中提出的实施计划，组织和落实清洁生产实施方案。

第十九条 各级发展改革（经济贸易）行政主管部门、环境保护行政主管部门以及咨询服务机构应当为实施清洁生产审核的企业保守技术和商业秘密。

第二十条 国家发展和改革委员会会同国家环境保护总局建立国家级清洁生产专家库，发布重点行业清洁生产导向目录和行业清洁生产审核指南，组织开展清洁生产培训，为企业开展清洁生产审核提供信息和技术支持。

地方各级发展改革（经济贸易）行政主管部门会同环境保护行政主管部门可以根据本地实际情况，组织开展清洁生产审核培训，建立地方清洁生产专家库。

第五章　奖励和处罚

第二十一条　对自愿实施清洁生产审核，以及清洁生产方案实施后成效显著的企业，由省级以上发展改革（经济贸易）和环境保护行政主管部门对其进行表彰，并在当地主要媒体上公布。

第二十二条　各级发展改革（经济贸易）行政主管部门在制定和实施国家重点投资计划和地方投资计划时，应当将企业清洁生产实施方案中的节能、节水、综合利用，提高资源利用率，预防污染等清洁生产项目列为重点领域，加大投资支持力度。

第二十三条　排污收费可以用于支持企业实施清洁生产。对符合《排污费征收使用管理条例》规定的清洁生产项目，各级财政部门、环保部门在排污费使用上优先给予安排。

第二十四条　中小企业发展基金应当根据需要安排适当数额用于支持中小企业实施清洁生产。

第二十五条　企业开展清洁生产审核的费用，允许列入企业经营成本或者相关费用科目。

第二十六条　企业可以根据实际情况建立企业内部清洁生产表彰奖励制度，对清洁生产审核工作中成效显著的人员，给予一定的奖励。

第二十七条　对违反第十条规定的企业，按《中华人民共和国清洁生产促进法》第四十一条规定处罚；对第八条第二项规定的企业，违反第十六条规定的，按照《中华人民共和国清洁生产促进法》第四十条规定处罚。

第二十八条　企业委托的咨询服务机构不按照规定内容、程序进行清洁生产审核，弄虚作假、提供虚假审核报告的，由省、自治区、直辖市、计划单列市及新疆生产建设兵团发展改革（经济贸易）部门会同环境保护行政主管部门责令其改正，并公布其名单。造成严重后果的，将追究其法律责任。

第二十九条　有关发展改革（经济贸易）行政主管部门会同环境保护行政主管部门的工作人员玩忽职守，泄露企业技术和商业秘密，造成企业经济损失的，按照国家相应法律法规予以处罚。

第六章 附 则

第三十条 本办法由国家发展和改革委员会和国家环境保护总局负责解释。

第三十一条 各省、自治区、直辖市、计划单列市及新疆生产建设兵团可以依照本办法制定实施细则。

第三十二条 军工企业清洁生产审核可以参照本办法执行。

第三十三条 本办法自2004年10月1日起施行。

附录三

关于印发重点企业清洁生产审核程序的规定的通知

环发［2005］151号

各省、自治区、直辖市、计划单列市环境保护局（厅）：

为规范有序地开展全国重点企业清洁生产审核工作，根据《中华人民共和国清洁生产促进法》、《清洁生产审核暂行办法》（国家发展和改革委员会、国家环境保护总局令第 16 号）的规定，我局制定了《重点企业清洁生产审核程序的规定》。现印发给你们，请遵照执行。

附件：1．重点企业清洁生产审核程序的规定

2．需重点审核的有毒有害物质名录（第一批）

二〇〇五年十二月十三日

附件 1：

重点企业清洁生产审核程序的规定

第一条 为规范清洁生产审核工作，根据《中华人民共和国清洁生产促进法》和《清洁生产审核暂行办法》（国家发展和改革委员会、国家环保总局令第 16 号令）的规定制定本规定。

第二条 本规定所称重点企业是指《中华人民共和国清洁生产促进法》第 28 条第二、第三款规定应当实施清洁生产审核的企业，包括：

（一）污染物超标排放或者污染物排放总量超过规定限额的污染严重企业（以下简称“第一类重点企业”）。

（二）生产中使用或排放有毒有害物质的企业（有毒有害物质

是指被列入《危险货物品名表》（GB 12268）、《危险化学品名录》、《国家危险废物名录》和《剧毒化学品目录》中的剧毒、强腐蚀性、强刺激性、放射性（不包括核电设施和军工核设施）、致癌、致畸等物质，以下简称“第二类重点企业”）。

第三条 国家环保总局将根据各地环境污染状况以及开展清洁生产审核工作的实际情况，在分析企业有毒有害物质使用或排放情况，以及可能造成环境影响严重程度的基础上，分期分批公布《需重点审核的有毒有害物质名录》（以下简称《名录》）。

第四条 第一类重点企业名单的确定及公布程序：

（一）按照管理权限，由企业所在地县级以上环境保护行政主管部门根据日常监督检查的情况，提出本辖区内应当实施清洁生产审核企业的初选名单，附环境监测机构出具的监测报告或有毒有害原辅料进货凭证、分析报告，将初选名单及企业基本情况报送设区的市级环境保护行政主管部门；

（二）设区的市级环境保护行政主管部门对初选企业情况进行核实后，报上一级环境保护行政主管部门；

（三）各省、自治区、直辖市、计划单列市环境保护行政主管部门按照《清洁生产促进法》的规定，对企业名单确定后，在当地主要媒体公布应当实施清洁生产审核企业的名单。公布的内容应包括：企业名称、企业注册地址（生产车间不在注册地的要公布其所在地地址）、类型（第一类重点企业或第二类重点企业）。企业所在地环境保护行政主管部门在名单公布后，依据管理权限书面通知企业。

第二类重点企业名单的确定及公布程序，由各级环境保护行政主管部门会同同级相关行政主管部门参照上述规定执行。

第五条 列入公布名单的第一类重点企业，应在名单公布后一个月内，在当地主要媒体公布其主要污染物的排放情况，接受公众监督。公布的内容应包括：企业名称、规模；法人代表、企业注册地址和生产地址；主要原辅材料（包括燃料）消耗情况；主要产品名称、产量；主要污染物名称、排放方式、去向、污染物浓度和排放总量、应执行的排放标准、规定的总量限额以及排污费缴纳情况等。

第六条 重点企业的清洁生产审核工作可以由企业自行组织开展，或委托相应的中介机构完成。

自行组织开展清洁生产审核的企业应在名单公布后 45 个工作日之内，将审核计划、审核组织、人员的基本情况报当地环境保护行政主管部门。

委托中介机构进行清洁生产审核的企业应在名单公布后 45 个工作日之内，将审核机构的基本情况及能证明清洁生产审核技术服务合同签订时间和履行合同期限的材料报当地环境保护行政主管部门。

上述企业应在名单公布后两个月内开始清洁生产审核工作，并在名单公布后一年内完成。第二类重点企业每隔五年至少应实施一次审核。

对未按上述规定执行清洁生产审核的重点企业，由其所在地的省、自治区、直辖市、计划单列市环境保护行政主管部门责令其开展强制性清洁生产审核，并按期提交清洁生产审核报告。

第七条 自行组织开展清洁生产审核的企业应具有 5 名以上经国家培训合格的清洁生产审核人员并有相应的工作经验，其中至少有 1 名人员具备高级职称并有 5 年以上企业清洁生产审核经历。

第八条 为企业提供清洁生产审核服务的中介机构应符合下述基本条件：

（一）具有法人资格，具有健全的内部管理规章制度。具备为企业清洁生产审核提供公平、公正、高效率服务的质量保证体系；

（二）具有固定的工作场所和相应工作条件，具备文件和图表的数字化处理能力，具有档案管理系统；

（三）有 2 名以上高级职称、5 名以上中级职称并经国家培训合格的清洁生产审核人员；

（四）应当熟悉相应法律、法规及技术规范、标准，熟悉相关行业生产工艺、污染防治技术，有能力分析、审核企业提供的技术报告、监测数据，能够独立完成工艺流程的技术分析、进行物料平衡、能量平衡计算，能够独立开展相关行业清洁生产审核工作和编写审核报告；

（五）无触犯法律、造成严重后果的记录；未处于因提供低质量或者虚假审核报告等被责令整顿期间。

第九条 企业完成清洁生产审核后，应将审核结果报告所在地的县级以上地方人民政府环境保护行政主管部门，同时抄报省、自治区、直辖市、计划单列市环境保护行政主管部门及同级发展改革（经济贸易）行政主管部门。

各省、自治区、直辖市、计划单列市环境保护行政主管部门应组织或委托有关单位，对重点企业的清洁生产审核结果进行评审验收。

国家环保总局组织或委托有关单位，对环境影响超越省级行政界区企业的清洁生产审核结果进行抽查。

第十条 各级环境保护行政主管部门应当积极指导和督促企业完成清洁生产实施方案。每年 12 月 31 日之前，各省、自治区、直辖市、计划单列市环境保护行政主管部门应将本行政区域内清洁生产审核情况以及下年度的重点地区、重点企业清洁生产审核计划报送国家环保总局，并抄报国家发展和改革委员会。

国家环保总局会同相关行政主管部门定期对重点企业清洁生产审核的实施情况进行监督和检查。

第十一条 对在清洁生产审核工作中取得成绩的企业、部门、机构和个人，按照有关规定，可享受相关鼓励政策或给予一定的奖励。

第十二条 有关其他奖惩等本规定未明确事宜，按照《清洁生产审核暂行办法》执行。新疆生产建设兵团环保局可以参照本规定执行。本规定由国家环保总局负责解释，自发布之日起实施。

附件 2：

需重点审核的有毒有害物质名录
（第一批）

序号	物质类别	物质来源
1	医药废物	医用药品的生产制作
2	染料、涂料废物	油墨、染料、颜料、油漆、真漆、罩光漆的生产配制和使用
3	有机树脂类废物	树脂、胶乳、增塑剂、胶水/胶合剂的生产、配制和使用
4	表面处理废物	金属和塑料表面处理
5	含铍废物	稀有金属冶炼及铍化合物生产
6	含铬废物	化工（铬化合物）生产；皮革加工（鞣革）；金属、塑料电镀；酸性媒介染料染色；颜料生产与使用；金属铬冶炼（修合金）；表面钝化（电解锰等）
7	含铜废物	有色金属采选和冶炼；金属、塑料电镀；铜化合物生产
8	含锌废物	有色金属采选及冶炼；金属、塑料电镀；颜料、油漆、橡胶加工；锌化合物生产；含锌电池制造业
9	含砷废物	有色金属采选及冶炼；砷及其化合物的生产；石油化工；农药生产；染料和制革业
10	含硒废物	有色金属冶炼及电解；硒化合物生产；颜料、橡胶、玻璃生产
11	含镉废物	有色金属采选及冶炼；镉化合物生产；电池制造；电镀
12	含锑废物	有色金属冶炼；锑化合物生产和使用
13	含碲废物	有色金属冶炼及电解；硫化合物生产和使用
14	含汞废物	化学工业含汞催化剂制造与使用；含汞电池制造；汞冶炼及汞回收；有机汞和无机汞化合物生产；农药及制药；荧光屏及汞灯制造及使用；含汞玻璃计器制造及使用；汞法烧碱生产
15	含铊废物	有色金属冶炼及农药生产；铊化合物生产及使用
16	含铅废物	铅冶炼及电解；铅（酸）蓄电池生产；铅铸造及制品生产；铅化合物制造和使用

序号	物质类别	物质来源
17	无机氰化物废物	金属制品业；电镀业和电子零件制造业；金矿开采与筛选；首饰加工的化学抛光工艺；其他生产过程
18	有机氰化物废物	合成、缩合等反应；催化、精馏、过滤过程
19	含酚废物	石油、化工、煤气生产
20	废卤化有机溶剂	塑料橡胶制品制造；电子零件清洗；化工产品制造；印染涂料调配
21	废有机溶剂	塑料橡胶制品制造；电子零件清洗；化工产品制造；印染染料调配
22	含镍废物	镍化合物生产；电镀工艺
23	含钡废物	钡化合物生产；热处理工艺
24	无机氟化物废物	电解铝生产；其他金属冶炼

附录四

关于进一步加强重点企业清洁生产审核工作的通知

环发［2008］60号

各省、自治区、直辖市环境保护局（厅），新疆生产建设兵团环境保护局：

当前，全国污染减排任务十分艰巨。国务院颁布的《节能减排综合性工作方案》对推行清洁生产工作提出明确要求，原国家环保总局印发的《“十一五”主要污染物总量减排核查办法（试行）》和《主要污染物总量减排核查细则（试行）》，明确规定了通过清洁生产核算化学需氧量（COD）、二氧化硫（SO_2）总量减排量的办法。为进一步发挥清洁生产在污染减排工作中的重要作用，加强重点企业的清洁生产审核工作，现通知如下：

一、明确环保部门在重点企业清洁生产审核工作中的职责和作用

清洁生产审核是实施清洁生产的前提和基础，督促重点企业实施强制性清洁生产审核，有效促进污染减排目标的实现，是环保部门的职责和任务。各级环保部门要依照《清洁生产促进法》的规定，监督污染物排放超过国家和地方规定的排放标准或者超过经有关地方人民政府核定的污染物排放总量控制指标的企业（通称“双超”企业），以及使用有毒、有害原料进行生产或者在生产中排放有毒、有害物质的企业（通称“双有”企业，需重点审核的有毒有害物质名录见附件1及原国家环保总局环发［2005］151号），实施强制性清洁生产审核。

各省（自治区、直辖市）及新疆生产建设兵团环境保护局（厅）要按照原国家环保总局《关于印发重点企业清洁生产审核程序的规

定的通知》（环发［2005］151号）要求公布重点企业名单，督促企业按期实施清洁生产审核，组织对重点企业清洁生产审核评估、验收，促进污染减排目标的完成。各地公布的重点企业名单和数量，要充分满足当地主要污染物减排计划和指标的要求。地方环保部门应将重点企业清洁生产审核工作纳入当地政府年度考核体系，积极推进重点企业清洁生产审核工作的开展。

"十一五"期间，地方各级环保部门要围绕火电、钢铁、有色、电镀、造纸、建材、石化、化工、制药、食品、酿造、印染等重污染行业和"三河三湖"等重点流域，加快推进强制性清洁生产审核。各地也可以根据污染减排工作的需要，将国家、省级环保部门确定的污染减排重点污染源企业纳入强制性清洁生产审核的范围。

二、抓好重点企业清洁生产审核、评估和验收

我部监督和管理全国重点企业强制性清洁生产审核、评估和验收工作，将逐步建立重点企业清洁生产审核公报制度。

各省（自治区、直辖市）及新疆生产建设兵团环境保护局（厅）要按照《重点企业清洁生产审核评估、验收实施指南》（见附件2）的要求，开展重点企业强制性清洁生产审核评估与验收工作，并以此作为核算清洁生产形成的COD、SO_2减排量各项参数的依据。

各省（自治区、直辖市）及新疆生产建设兵团环境保护局（厅）应于每年3月31日之前将本辖区内重点企业清洁生产审核、评估与验收工作的情况报送我部。

三、加强清洁生产审核与现有环境管理制度的结合

各级环保部门要加强清洁生产审核与现有环境管理制度的结合。新、改、扩建项目进行环境影响评价时要考虑清洁生产的相关要求；限期治理企业应同时进行强制性清洁生产审核，并通过评估、验收；通过清洁生产审核评估、验收的企业，其清洁生产审核结果应作为核准排污许可证载明的排污量的依据。未能按期

完成减排任务的企业，要实行强制性清洁生产审核，确保完成减排任务。

四、规范管理清洁生产审核咨询机构，提高审核质量

各省（自治区、直辖市）及新疆生产建设兵团环境保护局（厅）要加强对清洁生产审核咨询机构及人员的管理。清洁生产审核咨询机构应按照机构申请、专家评审、省级环保部门推荐、对外公示的程序确定。

对清洁生产审核咨询机构进行定期评审，表彰优秀的清洁生产审核咨询机构。评审内容可包括咨询机构履行合同情况，在清洁生产审核各阶段所起的作用，根据物料、水平衡和能量平衡发现企业清洁生产潜力，独立提出清洁生产方案的能力及清洁生产审核绩效评估。发现咨询机构不按规定内容、程序进行清洁生产审核，弄虚作假，或者技术服务能力达不到要求的，在两年内不得开展企业清洁生产审核咨询服务，并在当地主要媒体上公告。

五、重点企业清洁生产审核的奖惩措施

企业通过清洁生产审核评估，其清洁生产审核费用、实施清洁生产方案费用优先享受地方各级政府固定资产投资、技改资金、清洁生产专项资金、污染减排专项资金和环保专项资金的支持。

对公布应开展强制性清洁生产审核的企业，拒不开展清洁生产审核、不申请评估、验收或评估、验收“不通过”的，视情况由省级环保部门在地方主要媒体公开曝光，要求其重新进行清洁生产审核、评估和验收，并依法进行处罚。

我部将组织对全国重点企业清洁生产审核工作的督导和抽查。对未按要求公布重点企业名单，不能及时组织实施重点企业清洁生产审核及评估、验收工作，不能按时上报本辖区重点企业清洁生产工作总结以及下一年度重点企业清洁生产审核工作计划的地方环保部门，将予以通报。

附件：1. 需重点审核的有毒有害物质名录（第二批）

2．重点企业清洁生产审核评估、验收实施指南（试行）

二〇〇八年七月一日

附件 1：

需重点审核的有毒有害物质名录（第二批）

序号	物质名称	物质来源
1	精（蒸）馏残渣	炼焦制造、基础化学原料制造—有机化工及其他非特定来源
2	感光材料废物	印刷、专用化学产品制造、电子元件制造
3	含金属羰基化合物	在金属羰基化合物生产以及使用过程中产生的含有羰基化合物成分的废物、精细化工产品生产—金属有机化合物的合成
4	有机磷化合物废物	有机化工行业
5	含醚废物	有机生产、配制过程中产生的醚类残液、反应残余物、废水处理污泥及过滤渣
6	废矿物油	天然原油和天然气开采、精炼石油产品的制造、船舶及浮动装置制造及其他非特定来源
7	废乳化液	从工业生产、金属切削、机械加工、设备清洗、皮革、纺织印染、农药乳化等过程产生的混合物
8	废酸	无机化工、钢的精加工过程中产生的废酸性洗液、金属表面处理及热处理加工、电子元件制造
9	废碱	毛皮鞣制及制品加工、纸浆制造及其他非特定来源
10	废催化剂	石油炼制、化工生产、制药过程
11	石棉废物	石棉采选、水泥及石膏制品制造、耐火材料制品制造、船舶及浮动装置制造
12	含有机卤化物废物	有机化工、无机化工
13	农药废物	杀虫、杀菌、除草、灭鼠和植物生物调节剂的生产
14	多溴二苯醚（PBDE） 多溴联苯（PBB）废物	电子信息产品制造业及其他非特定来源

附件 2：

重点企业清洁生产审核评估、验收实施指南（试行）

一、总则

第一条 为了指导重点企业有效开展清洁生产，规范清洁生产审核行为，确保取得清洁生产实效，根据《中华人民共和国清洁生产促进法》、《清洁生产审核暂行办法》、《重点企业清洁生产审核程序的规定》制定本指南。

第二条 本指南所称清洁生产审核评估是指按照一定程序对企业清洁生产审核过程的规范性，审核报告的真实性，以及清洁生产方案的科学性、合理性、有效性等进行评估。

本指南所称清洁生产审核验收是指企业通过清洁生产审核评估后，对清洁生产中/高费方案实施情况和效果进行验证，并做出结论性意见。

第三条 本指南适用于《清洁生产促进法》中规定的“污染物排放超过国家和地方规定的排放标准或者超过经有关地方人民政府核定的污染物排放总量控制指标的企业；使用有毒、有害原料进行生产或者在生产中排放有毒、有害物质的企业”，也适用于国家和省级环保部门根据污染减排工作需要确定的重点企业。

第四条 环境保护部负责监督管理全国重点企业清洁生产审核评估与验收工作。各省（自治区、直辖市）及新疆生产建设兵团环保部门组织专家或委托相关机构，开展辖区内重点企业清洁生产审核评估与验收工作。环境保护部组织有关技术支持单位和专家对各省（自治区、直辖市）及新疆生产建设兵团环保部门开展的辖区内重点企业清洁生产审核评估与验收工作进行指导、督查，对各省清洁生产审核评估机构的评估、验收能力进行考核。

二、重点企业清洁生产审核评估

第五条 申请清洁生产审核评估的企业必须具备以下条件：

1．完成清洁生产审核过程，编制了《清洁生产审核报告》。

2．基本完成清洁生产无/低费方案。

3．技术装备符合国家产业结构调整和行业政策要求。

4．清洁生产审核期间，未发生重大及特别重大污染事故。

第六条 申请清洁生产审核评估的企业需提交的材料：

1．企业申请清洁生产审核评估的报告。

2．《清洁生产审核报告》。

3．有相应资质的环境监测站出具的清洁生产审核后的环境监测报告。

4．协助企业开展清洁生产审核工作的咨询服务机构资质证明及参加审核人员的技术资质证明材料复印件。

第七条 申请评估企业向当地环保部门提出评估申请（企业需在上交清洁生产审核报告后一个月内提交评估申请）；当地环保部门对申请企业的条件、提交的材料进行初审，初审合格后，将材料逐级上报。省级环保部门组织专家或委托相关机构对初审合格的企业进行材料审查、现场评估，并形成书面意见，定期在当地主要媒体上公布通过清洁生产审核评估的企业名单。

第八条 重点企业清洁生产审核评估过程

1．阅审企业清洁生产审核报告等有关文字资料。

2．召开评估会议，企业主管领导介绍企业基本情况、清洁生产审核初步成果、无/低费方案实施情况、中/高费方案实施情况及计划等；企业清洁生产审核主要人员介绍清洁生产审核过程、清洁生产审核报告书主要内容等。

3．资料查询及现场考察，主要内容为无/低费和已实施中/高费方案实施情况，现场问询，查看工艺流程、企业资源能源消耗、污染物排放记录、环境监测报告、清洁生产培训记录等。

4．专家质询，针对清洁生产审核报告及现场考察过程中发现的问题进行质询。

5．根据现场考察结果以及报告书质量，对企业清洁生产审核工作进行评定，并形成评估意见。

第九条 重点企业清洁生产审核评估标准和内容：

1．领导重视、机构健全、全员参与，进行了系统的清洁生产培训。

2．根据源头削减、全过程控制原则进行了规范、完整的清洁生产审核，审核过程规范、真实、有效，方法合理。

3．审核重点的选择反映了企业的主要问题，不存在审核重点设置错误，清洁生产目标的制定科学、合理，具有时限性、前瞻性。

4．提交了完整、详实、质量合格的清洁生产审核报告，审核报告如实反映了企业的基本情况，对企业能源资源消耗，产排污现状，各主要产品生产工艺和设备运行状况，以及末端治理和环境管理现状进行了全面的分析，不存在物料平衡、水平衡、能源平衡、污染因子平衡和数据等方面的错误。

5．企业在清洁生产审核过程中按照边审核、边实施、边见效的要求，及时落实了清洁生产无/低费方案。

6．清洁生产中/高费方案科学、合理、有效，通过实施清洁生产中/高费方案，预期效果能使企业在规定的期限内达到国家或地方的污染物排放标准、核定的主要污染物总量控制指标、污染物减排指标；对于已经发布清洁生产标准的行业，企业能够达到相关行业清洁生产标准的三级或三级以上指标的要求。

7．企业按国家规定淘汰明令禁止的生产技术、工艺、设备以及产品。

第十条 评估结果分为“通过”和“不通过”两种。对满足第九条全部要求的企业，其评估结果为“通过”。有下列情况之一的，评估不通过：

1．不满足第九条要求中的任何一条。

2．清洁生产审核报告质量上存在重大问题，主要指：

（1）审核重点设置错误或清洁生产目标设置不合理。

（2）没有对本次审核范围做全面的清洁生产潜力分析。

（3）数据存在重大错误，包括相关数据与环境统计数据偏差较大情况。

3．企业没有按国家规定淘汰明令禁止的生产技术、工艺、设备以及产品。

4．在清洁生产审核过程中弄虚作假。

三、重点企业清洁生产审核验收

第十一条 申请清洁生产审核验收的企业必须具备以下条件：

1．通过清洁生产审核评估后按照评估意见所规定的验收时间，综合考虑当地政府、环保部门时限要求提出验收申请（一般不超过两年）。

2．通过清洁生产审核评估之后，继续实施清洁生产中/高费方案，建设项目竣工环保验收合格 3 个月后，稳定达到国家或地方的污染物排放标准、核定的主要污染物总量控制指标、污染物减排指标。

第十二条 申请验收企业需填报《清洁生产审核验收申请表》（附表），连同清洁生产审核报告、环境监测报告、清洁生产审核评估意见、清洁生产审核验收工作报告报送各省（自治区、直辖市）及新疆生产建设兵团环保部门，各省（自治区、直辖市）及新疆生产建设兵团环保部门组织验收。

第十三条 重点企业清洁生产审核验收过程

1．审阅第十二条所列有关文件资料；

2．资料查询及现场考察，查验、对比企业相关历史统计报表（企业台账、物料使用、能源消耗等基本生产信息）等，对清洁生产方案的实施效果进行评估并验证，提出最终验收意见。

第十四条 重点企业清洁生产审核验收标准和内容：

1．清洁生产审核验收工作报告如实反映了企业清洁生产审核评估之后的清洁生产工作。企业持续实施了清洁生产无/低费方案，并认真、及时地组织实施了清洁生产中/高费方案，达到了“节能、降耗、减污、增效”的目的。

2．根据源头削减、全过程控制原则实施了清洁生产方案，并对各清洁生产方案的经济和环境绩效进行了详实统计和测算，其结果证明企业通过清洁生产审核达到了预期的清洁生产目标。

3．有资质的环境监测站出具的监测报告证明自清洁生产中/高费方案实施后，企业稳定达到国家或地方的污染物排放标准、核定的主要污染物总量控制指标、污染物减排指标。对于已经发布清洁生产标准的行业，企业达到相关行业清洁生产标准的三级或三级以上指标的要求。

4．企业生产现场不存在明显的跑、冒、滴、漏等现象。

5．报告中体现的已实施的清洁生产方案纳入了企业正常的生产过程。

第十五条　验收结果分为“通过”和“不通过”两种。对满足第十四条全部要求的企业，其验收结果为“通过”。有下列情况之一的，验收不通过：

1．不满足第十四条中的任何一条。

2．企业在方案实施过程中弄虚作假，虚报环境和经济效益的，包括相关数据与环境统计数据偏差较大情况。

四、重点企业清洁生产审核评估与验收费用

第十六条　各省（自治区、直辖市）及新疆生产建设兵团环保部门安排不低于 10%的环保专项资金用于重点企业的清洁生产审核评估、验收，积极争取各级发展和改革部门、财政部门和经济贸易部门对重点企业清洁生产审核评估与验收费用的支持。

五、清洁生产审核评估、验收的监督和管理

第十七条　环境保护部负责对全国的重点企业清洁生产审核工作进行监督和管理，定期对全国重点企业清洁生产审核评估、验收工作情况及评估、验收的相关机构进行抽查，并通过主要媒体向社会公告监督、抽查情况。

第十八条 各省（自治区、直辖市）及新疆生产建设兵团环保部门每年按要求将本辖区开展清洁生产审核评估、验收工作情况报送环境保护部。

第十九条 承担清洁生产审核的相关机构和专家要执行回避制度，不得对其曾经提供过清洁生产审核的企业进行评估、验收。

第二十条 公布开展强制性清洁生产审核的企业，拒不开展清洁生产审核、不申请评估、验收或评估、验收“不通过”的，视情况由各省（自治区、直辖市）及新疆生产建设兵团环保部门在地方主要媒体公开曝光，要求其重新进行清洁生产审核、评估和验收，依法进行处罚。

六、附则

第二十一条 本指南引用的有关规定，如有修改，按修改的执行。

第二十二条 本办法由环境保护部负责解释，自发布之日起施行。

附表：

重点企业清洁生产审核验收申请表

<table>
<tr><td>企业名称</td><td colspan="5"></td></tr>
<tr><td>地　　址</td><td colspan="3"></td><td>邮编</td><td></td></tr>
<tr><td>法人代表</td><td></td><td>填表人</td><td></td><td>电话</td><td></td></tr>
<tr><td>企业性质</td><td colspan="2"></td><td>所属行业</td><td colspan="2"></td></tr>
<tr><td>注册资本（万元）</td><td colspan="2"></td><td>主要产品</td><td colspan="2"></td></tr>
<tr><td>年产值（万元）</td><td colspan="2"></td><td>年销售额（万元）</td><td colspan="2"></td></tr>
<tr><td>评 估 时 间</td><td colspan="5"></td></tr>
<tr><td>企业中/高费清洁生产方案实施情况及取得的环境绩效和经济效益</td><td colspan="5"></td></tr>
<tr><td rowspan="2">验 收 结 论</td><td colspan="5">年　　月　　日</td></tr>
<tr><td colspan="5">联系人：　　　　　　电话：</td></tr>
</table>

附录五

关于印发《主要污染物总量减排核算细则（试行）》的通知

环发［2007］183 号

各省、自治区、直辖市环境保护局（厅），新疆生产建设兵团环境保护局，各环境保护督查中心：

为规范主要污染物总量核算工作，确保实现“十一五”主要污染物减排目标，根据《国务院关于印发节能减排综合性工作方案的通知》（国发［2007］15 号）、《国务院批转节能减排统计监测及考核实施方案和办法的通知》（国发［2007］36 号）以及《“十一五”主要污染物总量减排核查办法（试行）》（环发［2007］124 号）的有关规定，我局组织制定了《主要污染物总量减排核算细则（试行）》。现印发给你们，请遵照执行。

附件：主要污染物总量减排核算细则（试行）

国家环境保护总局
二〇〇七年十一月三十日

附件：

主要污染物总量减排核算细则（试行）

第一章 总 则

为规范“十一五”期间主要污染物总量核算工作，统一核算范围、计算方法、认定尺度、取值标准，加强对各地污染减排工作的指导，确保完成“十一五”全国主要污染物总量减排目标，依据《国务院关于印发节能减排综合性工作方案的通知》（国发［2007］15号）、《国务院批转节能减排统计监测及考核实施方案和办法的通知》（国发［2007］36号）以及《“十一五”主要污染物总量减排核查办法（试行）》（环发［2007］124号）的有关规定，制定本细则。

一、适用范围

本细则适用于国家对各省、自治区、直辖市核算期（年、半年度）主要污染物新增量、削减量和排放量的核算。主要污染物排放量是指“十一五”期间实施总量控制的两项污染物，即化学需氧量（COD）和二氧化硫（SO_2）的排放量。

各省、自治区、直辖市对本行政区域内COD和二氧化硫排放量的核算可参照本细则执行。

二、核算原则

1．坚持实事求是的原则。核算工作要坚持实事求是，反对弄虚作假。要使核算数据准确反映各地区核算期主要污染物排放情况，并且与当地经济发展和污染防治工作实际情况相协调。

2．坚持与环境统计制度相结合的原则。严格按照国家环境统计报表制度的规定，认真做好核算数据与“十一五”统计报表的衔接，确保数据的真实性和可比性。

3．坚持现场核查与资料审核相结合的原则。重点核算各地区核算期主要污染物排放量变化情况。根据当年经济社会发展情况核算新增排放量，以资料审核为重点，结合现场核查，依据明确的核算方法对各地上报的减排工程项目逐一核实削减量，并保持半年、年度之间工程项目和核算数据的连续性。

三、核算方式

主要污染物排放量核算由基础性准备工作、数据核查验证工作、总量审核工作三部分组成。

1．各省、自治区、直辖市环保部门负责协调并督促做好本行政区域内主要污染物排放总量减排核算的基础性工作，包括用于主要污染物新增量核算的基础资料、2005 年以来历年环境统计数据库和减排项目台账、核算期减排工程项目详细清单及相关验证文件等，并对本区域内的主要污染物总量减排情况进行核算，核算结果及其主要参数的取值依据一并上报国家环保总局。

2．环保总局各督查中心（以下简称督查中心）负责收集主要污染物总量减排核算的相关数据，现场核查重点企业排放达标情况、减排工程建设与运行情况，抽查验证各地新增主要污染物削减量计算结果的真实性与准确性等，并将经审核认定后的减排项目清单、减排数据、核算结果及其主要参数的取值依据等上报国家环保总局。

3．国家环保总局负责各省、自治区、直辖市污染物排放量的最终审核与认定。

第二章　COD 总量减排量的核算

核算期 COD 排放量为上年（半年）度的排放量与本年（半年）度新增排放量之和减去本年（半年）度新增削减量。

计算公式为：

$$E = E_0 + E_1 - R \tag{2-1}$$

式中：E——COD 排放量，万吨；

E_0——上年（半年）COD 排放量，万吨；

E_1——核算期新增 COD 排放量，万吨；

R——核算期新增 COD 削减量，万吨。

第一节　新增 COD 排放量的核算

新增 COD 排放量是指核算期与上年同期相比，由于工业生产活动和城镇人口增加导致的 COD 排放增加量。

计算公式为：

$$E_1 = E_{工业} + E_{生活} \tag{2-2}$$

式中：E_1——核算期新增 COD 排放量，万吨；

$E_{工业}$——新增工业 COD 排放量，万吨；

$E_{生活}$——新增生活 COD 排放量，万吨。

一、新增工业 COD 排放量的核算

计算公式为：

$$E_{工业} = I_{2005} \times GDP_{上} \times r \qquad (2\text{-}3)$$

式中：$E_{工业}$——新增工业 COD 排放量，万吨；

I_{2005}——2005 年 COD 排放强度，万吨/亿元；

$GDP_{上}$——上（半年）年 GDP，亿元；

r——扣除低 COD 排放行业贡献率和监测与监察系数后的 GDP 增长率，%。

公式（2-3）中各参数来源和计算方法如下：

① I_{2005}＝2005 年工业 COD 排放量（万吨）/2005 年 GDP（亿元）。

② 上（半）年 GDP 数据使用国家统计局公布的数据。

③ r=[1－（低 COD 排放行业工业增加值的增量（亿元）/GDP 的增量（亿元））]×计算用 GDP 增长率（%）。

数据来源：

a. 低 COD 排放行业包括电力业（火力发电）、黑色金属冶炼业（钢铁）、非金属矿物制品业（建材）、有色金属冶炼业、电器机械及器材制造业、仪器仪表及文化办公用品机械制造业和通信计算机及其他电子设备制造业 7 个行业。情况特殊的个别省份可以根据排放强度适当调整 1～2 个行业，但行业总数不得超过 7 个。

电力、黑色金属冶炼等 7 个低 COD 排放行业的工业增加值的增量暂时使用当地统计局数据，如无数据，按上年 7 个行业工业增加值增量对上年 GDP 增量的贡献率作为核算年贡献率进行计算。

b. 核算年 GDP 增长率及 GDP 增量暂时使用国家统计局和当地统计局数据，如无数据，取上半年增长率数值进行计算，待国家统

计局公布新的数据后，统一调整。

c. 计算用 GDP 增长率＝当年 GDP 增长率－监测与监察系数。

监测与监察系数取决于监测与监察达标率，取值如下：

监测与监察达标率＝监测达标企业数/监测企业总数×0.5
＋监察达标企业数/监察企业总数×0.5

监测与监察达标率达到 100%的，监测与监察系数为 2%；达到 90%的为 1.8%；达到 80%的为 1.6%；达到 70%的为 1.4%；达到 60%的为 1.2%；达到 50%的为 1%；低于 50%的为 0。

监测与监察系数按照国家环保总局的有关规定进行确定。

上述增量和增长率均是指核算期与上年同期相比。

有条件的省份可参照以下方法对各市（州、盟）新增工业 COD 量数据进行校核。

计算公式为：

$$E_{工业}=\sum_{i=1}^{n}(X_i \times Y_i) \quad (2\text{-}4)$$

式中：X_i——第 i 行业上年排放强度，（上年第 i 行业 COD 排放量/上年第 i 行业工业增加值）万吨/亿元；

Y_i——当年第 i 行业新增工业增加值，亿元；

n——行业总个数。

二、新增生活 COD 排放量的核算

新增生活 COD 排放量采用产生系数法计算，根据新增城镇常住人口数计算得到。

计算公式为：

$$E_{生活}=P_N \times e \times d \times 10^{-6} \quad (2\text{-}5)$$

式中：$E_{生活}$——新增生活 COD 排放量，万吨；

P_N——新增城镇常住人口，万人；

e——各地人均 COD 产生系数，克/人・日；

d——计算天数，天。全年核算为 365，半年核算为 183。

其中：新增城镇常住人口数=上年城镇常住人口数×城镇人口增长率。

数据来源及有关说明：

①城镇人口增长率暂时使用当地统计局数据，待国家统计局公布新数据后统一调整。上年人口统计数为非农业人口的，可仍采用非农业人口数计算。

②城镇生活 COD 产生系数优先采用各地区实测的 COD 产生系数（实测的 COD 产生系数须经国家相关部门予以认可），没有实测 COD 产生系数的，全国平均取值为 75 克/人·日，北方城市平均值为 65 克/人·日，北方特大城市为 70 克/人·日，北方其他城市为 60 克/人·日，南方城市平均值为 90 克/人·日。

第二节 新增 COD 削减量的核算

新增 COD 削减量是指核算期与上年同期相比，通过实施工程减排、结构调整减排和加强监督管理减排等措施，而形成新增的连续稳定的 COD 削减量。

计算公式为：

$$R = R_{工程} + R_{结构} + R_{管理} \quad (2\text{-}6)$$

式中：R——核算期新增 COD 削减量，万吨；

$R_{工程}$——工程减排新增 COD 削减量，万吨；

$R_{结构}$——结构调整减排新增 COD 削减量，万吨；

$R_{管理}$——监督管理减排新增 COD 削减量，万吨。

一、治理工程新增 COD 削减量的核算

治理工程新增削减量包括工业企业新增治污设施增加的 COD 削减量和建设城镇污水处理设施增加的 COD 削减量。即

$$R_{工程} = R_{企业} + R_{污水处理厂} \quad (2\text{-}7)$$

式中：$R_{工程}$——工程减排新增 COD 削减量，万吨；

$R_{企业}$——工业企业新增治污设施增加的 COD 削减量，万吨；

$R_{污水处理厂}$——建设污水集中处理设施增加的 COD 削减量，万吨。

（一）工业企业治理工程新增削减量的核算

1. 核算工业企业治理工程新增削减量的原则

（1）纳入上年环境统计重点调查单位名录的工业企业新增治污设施，予以核算新增削减量。计算得出的削减量原则上不能超过该企业上年环境统计排放量与当年实际排放量的差值。

（2）削减量核算按照以下顺序采用数据，第一是与当地环保部门监控平台联网并通过数据有效性校核的自动在线监测数据；第二是各级环保部门对污水处理工程的日常监督性监测数据和监察报告。企业自身监测数据作为参考。

（3）工业企业核算期新建的污水治理工程和原有污水治理工程进行深度处理，通过调试期后并连续稳定运行的，从其通过调试期的第二个月起，按照实际运行时间、处理水量和处理效率核算新增削减量。

（4）下列情况不计新增削减量：

未纳入上年环境统计重点调查单位名录的企业；

自 2007 年起新建项目“三同时”治理工程去除量；

企业废水直接排入城市污水处理厂或工业园区集中处理设施的企业，其新增 COD 削减量在集中处理设施中进行核算。

2. 工业企业治理工程新增削减量的核算

工业企业治理工程新增削减量核算分以下几种情形：

（1）废水排放量没有明显变化的企业，经过深度治理后，新增削减量计算公式为：

$$R_{企业}=WQ_{上年}\times\frac{m_{核查期运}-m_{上年运}}{m_{核查期}}[(C_{i当年}-C_{o当年})-(C_{i上年}-C_{o上年})]\times10^{-6} \tag{2-8}$$

式中：$R_{企业}$——治理工程新增削减量，万吨；

$WQ_{上年}$——上年同期污水处理量，万吨；

$C_{i当年}$——当年处理设施进水浓度，毫克/升；

$C_{o当年}$——当年处理设施出水浓度，毫克/升；

$C_{i上年}$——上年同期处理设施进水浓度，毫克/升；

$C_{o上年}$——上年同期处理设施出水浓度，毫克/升；

$m_{上年运}$——上年处理设施运行月数；

$m_{核查期运}$——核查期处理设施运行月数；

$m_{核查期}$——核查期月数。

（2）因生产能力提高等导致废水排放量明显增加的工业企业，废水经过深度治理的，计算公式为：

$$R_{企业}=WQ_{当年}\times\frac{m_{核查期运}-m_{上年运}}{m_{核查期}}\times(C_{o上年}-C_{o当年})\times10^{-6} \quad (2\text{-}9)$$

式中：$R_{企业}$——治理工程新增削减量，万吨；

$WQ_{当年}$——当年污水处理量，万吨；

$C_{o上年}$——上年同期处理设施出水浓度，毫克/升；

$C_{o当年}$——当年处理设施出水浓度，毫克/升；

$m_{上年运}$——上年处理设施运行月数；

$m_{核查期运}$——核查期处理设施运行月数；

$m_{核查期}$——核查期月数。

（3）因生产能力减少等导致废水排放量明显减少的工业企业，废水经过深度治理，计算公式为：

$$R_{企业}=WQ_{当年}\times\frac{m_{核查期运}-m_{上年运}}{m_{核查期}}\times[(C_{i当年}-C_{o当年})-(C_{i上年}-C_{o上年})]\times10^{-6} \quad (2\text{-}10)$$

式中：$R_{企业}$——治理工程新增削减量，万吨；

$WQ_{当年}$——当年污水处理量，万吨；

$C_{i当年}$——当年处理设施进水浓度，毫克/升；

$C_{o当年}$——当年处理设施出水浓度，毫克/升；

$C_{i上年}$——上年同期处理设施进水浓度，毫克/升；

$C_{o上年}$——上年同期处理设施出水浓度，毫克/升；

$m_{上年运}$——上年处理设施运行月数；

$m_{核查期运}$——核查期处理设施运行月数；

$m_{核查期}$——核查期月数。

（4）经过深度治理，工业企业因用水效率提高，生产能力不变甚至提高，而废水排放量明显减少的，计算公式为：

$$R_{企业} = E_o - WQ_{当年} \times C_{o当年} \times 10^{-6} \qquad (2\text{-}11)$$

式中：$R_{企业}$——治理工程新增削减量，万吨；

E_o——按照上年同期环统排放量，万吨；

$WQ_{当年}$——当年同期污水处理量，万吨；

$C_{o当年}$——当年处理设施出水浓度，毫克/升。

（二）城镇污水处理设施新增 COD 削减量的核算

城镇污水处理设施新增削减量为核算期设施去除量减去上年同期设施去除量。

1．城镇污水处理设施新增削减量计算原则

（1）城镇污水处理厂和集中处理设施 COD 削减量核算按照以下原则采用数据：第一是与当地环保部门监控平台联网并通过数据有效性校核的自动在线监测数据；第二是各级环保部门对污水处理工程的日常监督性监测数据和监察报告。企业生产运行台账和自身监测数据作为参考。

（2）原有城市污水处理厂及配套设施通过改、扩建等增加处理水量和提高处理效果的，必须提供新增管网长度、扩容能力等相关文件、资料。

（3）当年新建运行的城市污水处理厂通过调试的，从其通过调试期的第二个月起，按照实际运行时间、处理水量和处理效率核算 COD 削减量。

（4）城市污水处理厂进水浓度年际波动不能过大。如当年进水浓度与上年相比明显升高并无充分理由的，按照上年环境统计中相应区域污水浓度数据核算 COD 削减量。

（5）污水处理后再生利用的削减量计算，要有详实的污水再生利用水量数据资料，包括再生利用水量的深度处理设施运行台账、监测数据、再生水用途、水费收据等证明材料。

（6）城市污水处理设施处理水量超过设计能力导致的新增处理水量，要对水量数据进行详细核实。城镇污水处理设施新增处理水量增长量较大时，也需要对水量数据进行验证。主要采用产泥量、用电量等方法验证新增水量是否准确。其验证方法如下：

①产泥量验证处理水量：查阅城镇污水处理设施的生产运行台账，通过干泥产生量来反算污水处理设施处理水量。

计算处理水量应为干泥产生量与污泥产生系数之比。

污泥产生系数通常取 0.000 1～0.000 12。

②用电量验证处理水量：查阅城镇污水处理设施的生产运行台账，通过用电量来反算污水处理设施处理水量。

计算处理水量为用电量与单位耗电量之比。

单位处理水量耗电量通常取 0.2～0.35kWh/吨。

③管网服务人口验证处理水量：查阅城镇污水处理设施的生产运行台账，通过增加管网来反算污水处理设施处理水量。

计算处理水量为新增管网服务人口与人均综合排水量之积。

人均综合排水量通常取 80～180 升/日。

2．城镇污水处理设施新增削减量的核算

城镇污水处理设施新增削减量核算分以下几种情形：

（1）新建污水处理设施削减量的核算

① 生活污水量达到或超过总处理水量 90%的，所有污水均视为生活污水进行计算。

计算公式为：

$$R_{污水处理厂} = Q_{当年} \times D \times (C_{i当年} - C_{o当年}) \times 10^{-6} \qquad (2\text{-}12)$$

式中：$R_{污水处理厂}$——城镇污水处理设施新增 COD 削减量，万吨；

$Q_{当年}$——当年城镇污水处理厂日污水处理量，万吨/日；

D——污水处理厂实际运行天数，日；

$C_{i当年}$——当年污水处理厂进水浓度，毫克/升；

$C_{o当年}$——当年污水处理厂出水浓度，毫克/升。

② 生活污水量低于总处理水量 90%，其余为工业废水的，计算公式为：

$$R_{污水处理厂} = R_{生活} + R_{工业} \tag{2-13}$$

式中：$R_{污水处理厂}$——城镇污水处理设施新增 COD 削减量，万吨；

$R_{生活}$——城镇污水处理厂处理生活污水新增 COD 削减量，万吨；

$R_{工业}$——城镇污水处理厂处理工业废水新增 COD 削减量，万吨。

其中：

$$R_{生活} = Q_{当年} \times D \times (C_{i当年} - C_{o当年}) \times 10^{-6} \tag{2-14}$$

式中：$R_{生活}$——城镇污水处理厂处理生活污水 COD 削减量，万吨；

$Q_{当年}$——当年城镇污水处理厂日污水处理量，万吨/日；

D——当年污水处理厂实际运行天数，日；

$C_{i当年}$——当年污水处理厂进水浓度，毫克/升；

$C_{o当年}$——当年污水处理厂出水浓度，毫克/升。

$$R_{工业} = \sum_{i=1}^{n} E_{企业i} \times \frac{D}{365} - WQ_{工业} \times C_{o当年} \times 10^{-6} \tag{2-15}$$

式中：$R_{工业}$——城镇污水处理厂处理工业废水 COD 削减量，万吨；

$E_{企业i}$——进入污水处理厂的第 i 个企业上年环境统计数据库 COD 排放量，万吨；

D——污水处理厂实际运行天数，日；

$WQ_{工业}$——进入城市污水处理设施中的工业废水量，万吨；

$C_{o当年}$——当年污水处理厂出水浓度，毫克/升。

未纳入环境统计重点调查单位名录的企业，不在核算范围。

（2）原有污水处理厂新建设施提高处理水量，进水、出水浓度无明显变化的，新增削减量计算公式为：

$$R_{污水处理厂}=Q_{新增}\times D\times(C_{\mathrm{i}}-C_{\mathrm{o}})\times10^{-6} \qquad (2\text{-}16)$$

式中：$R_{污水处理厂}$——城镇污水处理设施新增 COD 削减量，万吨；

$Q_{新增}$——新增日污水处理量，万吨/日；

D——当年污水处理厂实际运行天数，日；

C_{i}——当年污水处理厂进水浓度，毫克/升；

C_{o}——当年污水处理厂出水浓度，毫克/升。

（3）原有污水处理厂新建深度治理设施后降低了出口浓度，处理水量变化量小于 10%的，新增削减量计算公式为：

$$R_{污水处理厂}=Q_{当年}\times D\times[(C_{\mathrm{i}现}-C_{\mathrm{o}现})-(C_{\mathrm{i}原}-C_{\mathrm{o}原})]\times10^{-6} \qquad (2\text{-}17)$$

式中：$R_{污水处理厂}$——城镇污水处理设施新增 COD 削减量，万吨；

$Q_{当年}$——城镇污水处理厂当年日处理污水量，万吨/日；

D——新建深度治理设施后污水处理厂实际运行天数，日；

$C_{\mathrm{i}现}$——新建深度治理设施后进水浓度，毫克/升；

$C_{\mathrm{o}现}$——新建深度治理设施后出水浓度，毫克/升；

$C_{\mathrm{i}原}$——新建深度治理设施前进水浓度，毫克/升；

$C_{\mathrm{o}原}$——新建深度治理设施前出水浓度，毫克/升。

（4）原有污水处理厂新建再生水回用工程，新增削减量计算公式为：

$$R_{污水处理厂}=WQ_{中水}\times C_{\mathrm{o}}\times10^{-6} \qquad (2\text{-}18)$$

式中：$R_{污水处理厂}$——城镇污水处理设施新增 COD 削减量，万吨；

$WQ_{中水}$——污水处理厂较上年新增再生水回用量，万吨；

C_{o}——污水处理厂外排水出口浓度，毫克/升。

（5）原有污水处理设施处理水量和进出水浓度都发生变化，且处理的污水由工业废水与生活污水共同构成，其计算公式为：

$$R_{污水处理厂}=(Q_{当年}-Q'_{当年})\times D_{当年}\times(C_{i当年}-C_{o当年})\times10^{-6}-Q_{上年}\times D_{上年}\times(C_{i上年}-C_{o上年})\times10^{-6}-\sum_{j=1}^{n}\left[WQ_j\times(C_{oj}-C_{oj上年})\times10^{-6}\right] \quad (2\text{-}19)$$

式中：$R_{污水处理厂}$——城镇污水处理设施新增 COD 削减量，万吨；

$Q_{当年}$——当年城镇污水处理厂日污水处理量，万吨/日；

$Q'_{当年}$——当年非环境统计重点企业新增的日排入污水处理厂污水量，万吨/日；

$D_{当年}$——当年污水处理厂实际运行天数，天；

$C_{i当年}$——当年污水处理厂进水浓度，毫克/升；

$C_{o当年}$——当年污水处理厂出水浓度，毫克/升；

$Q_{上年}$——上年同期城镇污水处理厂日污水处理量，万吨/日；

$D_{上年}$——上年同期污水处理厂实际运行天数，日；

$C_{i上年}$——上年同期污水处理厂进水浓度，毫克/升；

$C_{o上年}$——上年同期污水处理厂出水浓度，毫克/升；

WQ_j——第 j 个企业排入污水处理厂水量，万吨；

C_{oj}——第 j 个企业当年排入污水处理厂的污水浓度，毫克/升；

$C_{oj上年}$——第 j 个企业上年环统废水排放浓度，毫克/升，当年新建企业按上年环统该类企业平均排放浓度计算。

（6）集中处理设施新增削减量的核算

主要针对工业园区内若干家企业共用 1 个或多个污水集中处理设施的情况。分为两种情况，一是新建工业企业排入新建污水集中处理设施，二是原有企业排入新建污水集中处理设施。

①新建工业排入新建污水集中处理设施，新增削减量计算公式为：

$$R_{污水处理厂}=Q\times D\times(\overline{C}_{o工业}-C_o)\times10^{-6} \quad (2\text{-}20)$$

式中：$R_{污水处理厂}$——集中处理设施新增 COD 削减量，万吨；

Q——日污水处理量，万吨/日；

D——污水处理厂实际运行天数，日；

$\overline{C}_{o工业}$——当年工业平均排放浓度，毫克/升；

C_o——污水处理厂出水 COD 浓度，毫克/升。

② 原有企业排入新建污水集中处理设施，新增削减量的计算公式为：

$$R_{污水处理厂}=\sum_{j=1}^{n}\left[WQ_j\times(C_{oj上年}-C_o)\times10^{-6}\right] \quad (2\text{-}21)$$

式中：$R_{污水处理厂}$——集中处理设施新增 COD 削减量，万吨；

WQ_j——第 j 个企业排入污水处理厂水量，万吨；

$C_{oj上年}$——第 j 个企业上年环境统计废水排放浓度，毫克/升；

C_o——污水处理设施出水浓度，毫克/升。

未纳入上年环境统计重点调查企业的废水排放量不能计入削减量。

二、结构调整新增 COD 削减量的核算

结构调整削减量主要是指关停工业企业或其生产设施形成的削减量。分为两种类型，第一类是纳入上年环境统计重点调查单位名录的企业，第二类是环境统计非重点调查单位。

（一）结构减排新增削减量核算原则

1．淘汰、取缔、关停企业或设施（含破产企业）的认定要有实证性的证明材料，表明企业工艺和设备必须是永久性关停并有具体关停时间（如停止工业用水、工业用电、提供相应具有法律效应的文件如当地政府的关闭文件、破产文件、吊销营业执照文件、环境监察部门的监察记录、关停前后照片等）。

2．自然关停企业，不能等同于淘汰关闭企业核算削减量，如无明确的能够认定企业无法恢复生产的有效证据（如主要生产设备拆除、缺失、淹没等），不计算其 COD 削减量。

3．实施停产治理、限期治理的企业一律不计算 COD 削减量，待企业完成治理恢复正常生产后再根据治理设施运行情况，按照治

理工程核算新增COD削减量。

（二）关停环境统计重点调查企业新增削减量的核算

关停环境统计重点调查企业削减量是指淘汰、取缔、关停纳入上年环境统计重点调查单位名录的企业或设施而减少的COD排放量。

关停环境统计重点调查企业形成的削减量按上年环境统计数据库中的排放量，从实际关停的第二个月起计算。

1．关停重点调查企业削减量的核算原则

（1）关停导致的当年削减量须小于或等于该企业上年环境统计排放量；核算期当年关停的，按照上年同期纳入环境统计的排放量减去当年核算期实际排放量计算其COD削减量；核算期上年关停但不满一年的，COD削减量为上年同期环境统计排放量。

（2）关停部分生产线、淘汰部分生产设备的企业新增削减量的核算，不能将企业上年环境统计排放量视为关停部分生产线的削减量。应按照物料衡算或产生系数法单独计算削减量，但不能超过企业上年环境统计排放量。

（3）原来纳入环境统计中的企业群或者畜禽养殖群的淘汰关停，不能笼统计算整个企业群的关停削减量，应分别对每个单独企业的COD削减量进行核算。如无法分开计算，可按照等比例估算的方法计算削减量。

2．关停重点调查企业削减量的核算

关停环境统计重点调查企业（设施）而形成的削减量按以下两种情形进行核算：

（1）在环境统计中且为上年关停的企业削减量核算

某企业当年新增削减量按上年环境统计库中COD排放量取值。

（2）在环境统计中且为当年关停的企业削减量的核算方法

当年削减量按上年环境统计库中COD排放量与月份折算。计算公式如下：

$$R_{结构}=(12-m_{关})/12\times E_{上年} \tag{2-22}$$

式中：$R_{结构}$——当年削减量，万吨；

$m_{关}$——核查期关停的月份；

$E_{上年}$——上年环境统计数据库中的COD排放量，万吨。

（三）环境统计非重点调查企业新增削减量的核算

为鼓励各地加快推进产业结构调整，加大重污染小企业关闭淘汰力度，对环境统计非重点调查企业的关停核算部分削减量。对于此类取缔关停企业、设施，其COD实际排放量按照监测数据、物料衡算、产污系数等方法进行核算。但该类企业削减量合计不能高于本地区上年度非重点污染源排放量（按照工业COD排放量的15%计）的20%。

三、加强监督管理新增COD削减量的核算

纳入上年度环境统计重点调查单位名录的企业，通过加强对原有治污设施的监督管理新增削减量的计算公式参照工程减排计算，但不得重复计算。

加强监督管理新增削减量计算原则为：

1．采用当地环境监测部门对该企业每月环境监测数据，取平均值计算核算期该企业的废水排放浓度。

2．加强监督管理减排考虑提高排放标准或排放水平、实施清洁生产等情况下企业新增COD削减量，对其他情况不予认定。

3．清洁生产形成的减排部分，仅包括因实施清洁生产审核报告中提出的中高费方案而形成的稳定减排能力。其原材料消耗、废水处理量、进出口浓度、效率等主要参数，采用清洁生产审核方案实施前后的差值。各项参数取值以省级环保部门或清洁生产相关行政主管部门的评审、验收报告为依据，强制性清洁生产审核部分以达标排放为核算依据，并按照《“十一五”主要污染物总量减排核查办法（试行）》的程序现场核查后的数据为准。

4．企业提高排放标准的COD减排项目只包括上年环境统计范围内执行旧排放标准的企业，新建企业不计算新增削减量。

第三章　二氧化硫总量减排量的核算

核算期二氧化硫排放量为上年（半年）度的排放量与本年（半年）度新增排放量之和减去本年（半年）度新增削减量。

核算公式为：

$$E = E_0 + E_1 - R \tag{3-1}$$

式中：E——核算期二氧化硫排放量，万吨；

E_0——上年（半年）二氧化硫排放量，万吨；

E_1——核算期新增二氧化硫排放量，万吨，包括脱硫设施不正常运行的新增排放量，万吨；

R——核算期新增二氧化硫削减量，万吨。

第一节　新增二氧化硫排放量的核算

新增二氧化硫排放量指核算期与上年同期相比，由于工业生产活动和居民生活导致二氧化硫排放的增加量，核算方法为：

$$E_{新} = E_{电} + E_{非电} \tag{3-2}$$

式中：$E_{新}$——核算期新增二氧化硫排放量，万吨；

$E_{电}$——新增火电二氧化硫排放量，万吨；

$E_{非电}$——新增非电二氧化硫排放量，万吨。

一、新增火电二氧化硫排放量

新增火电二氧化硫排放量指由于发电量、供热量增加导致二氧化硫排放增加的量，核算公式为：

$$E_{电} = E_{产} - R_{脱硫} = M_{煤} \times S \times \alpha \times 10^{-2} - \sum_{i=1}^{n} M_i \times S_i \times \alpha \times \eta_i \times 10^{-2} \tag{3-3}$$

式中：$E_{产}$——新增火力发电量、供热量导致的二氧化硫产生量，万吨；

$R_{脱硫}$——当年新投产和上年投运接转燃煤机组配套脱硫设施

新增二氧化硫削减量，万吨；

$M_{煤}$——发电（供热）新增煤炭消耗量，万吨，按照统计数据取值，如果没有统计数据，按以下公式核算：

$$M_{煤}=M_{电}+M_{热}=(P_{火}-P_{气})\times g\times\beta\times10^{-2}+\Delta H\times40\times\beta\times10^{-3} \quad (3\text{-}4)$$

式中：$M_{电}$——新增火力发电用煤消耗量，万吨；

$M_{热}$——新增供热量用煤消耗量，万吨；

$P_{火}$——新增火力发电量，亿千瓦时；

$P_{气}$——新增燃气发电量，亿千瓦时；必须提供新增燃料气体消耗量；

g——新增火力发电量对应的发电标准煤耗，克标煤/千瓦时；原则上取 320 克标煤/千瓦时。核算期内，没有新投运和上年接转燃煤发电机组的地区，按照当年该地区全口径火力发电厂平均发电煤耗取值；

β——燃料与标煤转换系数，除个别省外，原煤与标煤转换系数β 取 1.4，燃料油与标煤β 取 0.7；

ΔH——新增供热量，万百万千焦；如果无法提供新增供热量，按火力发电量增长速度与上（半）年供热量之积估算；

α——二氧化硫释放系数，燃煤机组取 1.6，燃油机组取 2.0；

S——新增发电、供热用煤平均硫分，%，计算公式为：

$$S=\sum_{i=1}^{n}M_i\times S_i\Big/\sum_{i=1}^{n}M_i \quad (3\text{-}5)$$

式中：M_i——当年新投产第 i 个燃煤机组脱硫设施通过 168 小时移交后的第二个月算起的煤炭消耗量，万吨；对于上年接转并在当年满负荷运行的燃煤机组，M_i 为第 i 个燃煤机组脱硫设施通过 168 小时移交后的第二个月算起的煤炭消耗量差额，即核算期煤炭消耗量与上年同期脱硫设施已运行期间的煤炭消耗量的差额，煤炭消耗量为现场核查实际数据，如无法获得，则按照公式

（3-4）核算。上述数据均无法获得时，可按月份近似计算。

S_i——当年新投产和上年接转第 i 个燃煤脱硫机组煤炭平均硫分，%；以电厂提供并经现场核查确认的分批次入炉煤质数据为准，并通过现场一个月以上的烟气在线监测脱硫系统入口二氧化硫浓度和脱硫设施设计煤质参数加以核对。如果无法提供有效数据，按环境影响评价批复文件中的设计和校核煤种平均硫分的大者取值。如果各脱硫机组的数据无法提供或不全或失实，则按照上年环境统计数据库中所有火力发电厂的加权平均硫分取值。

η_i——当年新投产和上年接转第 i 个燃煤脱硫机组的综合脱硫效率，%；为脱硫设施投运率和烟气在线监测脱硫效率之积。脱硫设施投运率指脱硫设施年（半年）运行时间与脱硫设施建成后发电机组年（半年）运行时间之比，须通过现场核查烟气在线监测系统储存数据、脱硫设施运行记录和上报环保部门停运时间确认。如无法提供有效数据，原则上各种脱硫工艺的综合脱硫效率按下列规定取值。石灰/石膏法、烟塔合一法、海水烟气脱硫设施等湿法为 80%～85%，烟气循环流化床、炉内喷钙炉外活化增湿等干（半干）法为 70%～80%，简易脱硫（石灰/石膏半干法、喷雾干燥法等）为 70%，氨法、氧化镁法和双碱法为 60%～70%。单机装机容量大于 20 万千瓦（含）或享受脱硫电价的其他规模循环流化床锅炉（炉内加石灰石脱硫工艺）为 70%～80%，其他循环流化床锅炉已与省级以上环保部门联网，且提供在线监测数据，按在线监测结果确定脱硫效率，否则脱硫效率为 0。其他脱硫工艺，必须与省级环保部门联网，脱硫效率以在线监测数据为准。水膜除尘器、除尘脱硫一体化、换烧低硫煤等无法连续稳定去除二氧化硫的工艺，其脱硫效率为 0。

二、新增非电二氧化硫排放量

新增非电二氧化硫排放量，采取排放强度方法核算，并用主要耗能产品（粗钢、有色金属、水泥、焦炭等）的排放系数校核，核算公式为：

$$E_{非电} = q_{非电} \times (M_{总} - M_{电} - M_{上非电}) \quad (3\text{-}6)$$

式中：$E_{非电}$——新增非电二氧化硫排放量，万吨；

$q_{非电}$——上年非电排放强度，吨二氧化硫/吨煤；核算公式为：

上年非电排放强度＝上年非电二氧化硫排放量/（上年全社会耗煤量－上年电力煤耗量）。其中，上年非电二氧化硫排放量取上年环境统计数据，上年全社会耗煤量取国家统计局公布的各省、自治区、直辖市煤炭消费量，上年电力煤耗量按照各省上年度电力行业经济指标以及燃料消耗情况取值（参照附表 3 和附表 4），并用国家统计局数据校核；

$M_{总}$——核算期全社会煤炭消耗量，万吨；根据统计部门公布数据的数据取值。如果无法按时提供数据，按下列公式估算：

$$M_{总} = EN_{上} \times (1-\lambda) \times \text{GDP} \times k \times 1.4 \quad (3\text{-}7)$$

式中：$EN_{上}$——上年度同期万元 GDP 能耗，吨标煤/万元；按照国家统计局等有关部门公布的上年度各地区万元 GDP 能耗取值；

λ——核算期各地预期的或政府已经公布的万元 GDP 能耗下降比例；

GDP——各地公布的核算期国民生产总值快报数据，亿元；

k——上年度各地一次能源消费结构中煤炭占的比例，%；数据来源于各地统计年鉴；

$M_{电}$——核算期全口径电力煤炭消耗量，万吨；包括当年运行的常规燃煤电厂、自备电厂、煤矸石电厂和热电联产机组的煤炭消耗量。

原则上，应逐一统计核实辖区内全口径各电厂装机容量、发电量（供热量）、燃料消耗量（热电联产机组包括发电和供热合计燃料消耗量），最终确定辖区内核算期发电煤炭消耗量。各电厂累计的火力装机容量、发电量和增长速度必须与国家统计局公布的快报数据一致，各电厂的发电量应与电力调度部门的数据一致。

如果无法统计辖区内全口径各电厂的有关数据，或者统计后火力装机容量、发电量和增长速度数据与国家统计局快报数据不一致时，燃料消耗量可按下列公式估算：

$$M_{电} = TP_{火} \times \alpha \times 1.4 \times 10^{-2} \tag{3-8}$$

式中：$TP_{火}$——核算期火力发电量，亿千瓦时；

α——各地区快报公布的当年平均发电煤耗，克标煤/千瓦时；如果无法获得，可取上年平均发电煤耗数据；

$M_{上非电}$——上年同期非电煤炭消耗量，万吨；为上年同期全社会耗煤量与上年电力煤耗量之差，上年同期全社会耗煤量和上年电力煤耗量的数据来源于国家统计年鉴。

核算期新增非电二氧化硫排放量须用主要耗能产品（粗钢、有色、水泥、焦炭等）增加（减少）的产量，采用排放系数法核算新增排放量，并与公式（3-6）算出的结果比较，按取大数原则确定非电二氧化硫排放量。

主要耗能产品（粗钢、有色、水泥、焦炭等）增加（减少）的产量按照各地统计部门的数据。原则上，主要耗能产品的二氧化硫排污系数优先采用各地测试的排污系数或新建项目环保验收监测数据反推的排污系数（取值须经国务院环境保护行政主管部门审定）；如无以上数据，则采用先进控制技术对应的二氧化硫排污系数，粗钢二氧化硫排污系数西南地区取 16 千克/吨，东北地区取 2 千克/吨，其他地区取 4 千克/吨；粗铜、铅、锌、原铝、镁和钛的二氧化硫排污系数分别为 45 千克/吨、85 千克/吨、60 千克/吨、15 千克/吨、20 千克/吨和 18 千克/吨；吨氧化铝的二氧化硫排污系数为 2.0 千克/吨；水泥为 0.311 千克/吨；焦炭为 2.7 千克/吨。全国污染源普查结果公布后，吨产品二氧化硫排污系数统一按照分地区的普查数据调整。

核算期内燃料油（重油）消耗量明显增加或下降的地区，按统计口径的消耗量和吨油二氧化硫产生系数调整新增非电二氧化硫排放量。

三、脱硫设施不正常运行的新增二氧化硫排放量

核算期脱硫设施不正常运行时，用监察系数法对该地区新增二氧化硫排放量核算结果进行校正：

$$E_1 = E_{新} + E_{非正常} \tag{3-9}$$

式中：E_1——该地区核算期新增二氧化硫排放量，万吨，包括脱硫设施不正常运行的新增排放量，见公式（3-1）；

$E_{新}$——新增二氧化硫排放量，万吨，见公式（3-2）；

$E_{非正常}$——脱硫设施非正常运行新增排放量，万吨，核算公式为：

$$E_{非正常} = \sum_{i=1}^{n} Q_i \times \eta_i \times 10^{-2} \times (1 - \xi_i) \tag{3-10}$$

式中：Q_i——第 i 个非正常运行脱硫设施的年（半年）二氧化硫产生量，万吨，采用物料衡算方法确定。脱硫设施指核查期期间所有投入运行（包括新增脱硫工程和以前运行）的工业企业治理二氧化硫系统，包括燃煤电厂脱硫、燃煤锅炉脱硫、烧结机脱硫、有色冶炼烟气脱硫、焦炉烟气脱硫和其他脱硫设施。

η_i——第 i 个非正常运行脱硫设施，在正常运行情况下的年综合平均脱硫效率，%；同公式（3-3）；

ξ_i——第 i 个非正常企业的监察系数。

发现被检查企业脱硫设施非正常运行一次，监察系数取 0.8，

非正常运行二次监察系数取 0.5，超过两次非正常运行，监察系数取 0。

脱硫设施非正常运行定义为生产设施运行期间脱硫设施因故未运行而没有向当地政府环境保护行政主管部门及时报告的，没有按照工艺要求使用脱硫剂、无法稳定达标排放的，使用旁路偷排的，在线监测系统抽调数据不合格率大于 20%的，以及按照国家有关规定认定为“不正常使用”污染物处理设施的其他违法行为。

监察系数按照国家环保总局的有关规定进行确定。

第二节　新增二氧化硫削减量的核算

新增二氧化硫削减量指核算期与上年同期相比，通过实施治理工程、结构调整（淘汰落后产能等）和加强监督管理等减排措施，新增的连续稳定的二氧化硫削减量，核算公式为：

$$R = R_{工程} + R_{结构} + R_{管理} \tag{3-11}$$

式中：$R_{工程}$——新增工程削减量，万吨；

$R_{结构}$——新增结构调整削减量，万吨；

$R_{管理}$——新增监督管理削减量，万吨。

一、治理工程新增二氧化硫削减量

治理工程新增二氧化硫削减量指，老污染源采取的具有连续长期稳定减排二氧化硫效果的烟气治理工程，在核算期多增加的削减量，具体包括电力行业燃煤（油）机组烟气脱硫工程（统称为现役燃煤机组脱硫工程）、工业燃煤锅炉烟气脱硫工程、黑色冶炼行业（钢铁冶炼和铸造业等）烧结机烟气脱硫工程、有色金属行业各种冶炼炉烟气脱硫及硫酸回收工程、石油化工行业脱硫及硫黄回收工程、炼焦行业焦炉煤气脱硫工程、煤改气工程和其他脱硫工程等。治理工程新增二氧化硫削减量核算公式为：

$$R_{工程} = R_{工电} + R_{工钢} + R_{工锅} + R_{工色} + R_{工焦} + R_{工改} + R_{工化} + R_{工其他} \tag{3-12}$$

式中：$R_{工电}$——现役燃煤机组脱硫工程新增削减量，万吨；

$R_{工钢}$——黑色冶炼行业烧结机等烟气脱硫工程新增削减量，万吨；

$R_{工锅}$——工业燃煤锅（窑）炉烟气脱硫工程新增削减量，万吨；

$R_{工色}$——有色金属行业各种冶炼炉烟气脱硫（回收）工程新增削减量，万吨；

$R_{工焦}$——炼焦行业焦炉煤气脱硫工程新增削减量，万吨；

$R_{工改}$——天然气、煤层气、沼气、煤气和高炉煤气等清洁燃料部分或全部替代原有燃煤（油）设施而新增的削减量，万吨；

$R_{工化}$——石化行业脱硫及硫黄回收工程新增削减量；

$R_{工其他}$——其他脱硫工程（如玻璃、硫酸生产、石灰等窑炉）新增削减量，万吨。

（一）现役燃煤（油）机组烟气脱硫工程新增削减量

1．核算新增削减量的原则

（1）2005 年 12 月 31 日前投产并纳入 2005 年环境统计重点调查单位名录企业的燃煤（油）机组均为现役机组，包括常规燃煤（油）电厂、自备电厂、煤矸石电厂和热电联产机组。机组没有纳入环境统计数据库，但其所在企业纳入环境统计重点调查单位名录的，在“十一五”期间建成脱硫设施并运行的均计算削减量。

（2）核算期新增削减量包括当年新投产和上年接转的现役机组烟气脱硫工程，及已经投入运行的现役脱硫机组发电量、脱硫设施效率变化形成的削减量。

（3）2006 年 1 月 1 日后投运的燃煤机组不作为现役机组，其隔年建成脱硫设施形成的新增削减量，可纳入公式（3-3）计算。

（4）新增削减量不能大于 2005 年环境统计数据库中企业的排放量。一个电厂有多台机组且没有分机组纳入 2005 年环境统计数据库时，应按安装脱硫设施的燃煤机组发电量或煤炭消耗量或煤电装机容量在该企业所占份额与 2005 年度环境统计排放量之积折算该机组环境统计排放量。企业排放量由多种污染源组成（如钢铁厂的自备燃煤机组、炼焦炉和烧结机等）时，按照物料衡算或排污系数法计算该机组所占排放份额与 2005 年度环境统计排放量之积折算该设备排放量。新增削减量不能大于该设施治理前的排放量。

（5）脱硫机组由于检修、调峰等而导致发电量减少带来的排放量变化的不计削减量。

（6）未安装脱硫设施的现役机组由于煤炭硫分降低、发电量（供热量）减少（增加）等因素而引起的排放量的变化，不计算新增削减量。

2. 新增削减量核算公式

$$R_{工电}=R_{电新}+R_{电转}+R_{电增}+R_{电改}+R_{电替} \qquad (3\text{-}13)$$

式中：$R_{电新}$——核算期新投运现役机组脱硫设施新增削减量，万吨；

$R_{电转}$——上（半）年现役机组脱硫设施投运而在核算期满负荷运行情况新增削减量，万吨；

$R_{电增}$——脱硫设施已运行满一年的机组而在核算期发电量稳定增加而形成的新增削减量，万吨；

$R_{电改}$——已运行满一年的脱硫设施改造扩容或提高效率在核算期形成的新增削减量，万吨；

$R_{电替}$——现役机组气体燃料替代煤炭在核算期新增削减量，万吨。

（1）核算期新投运现役机组脱硫设施新增削减量 $R_{电新}$

$$R_{电新}=\sum_{i=1}^{n}M_i\times S_i\times\eta_i\times1.6\times10^{-2} \qquad (3\text{-}14)$$

式中：M_i——核算期新投运第 i 个现役机组脱硫设施通过 168 小时移交后第二个月算起的煤炭消耗量，万吨；煤炭消耗量优先采用现场核查实际数据，并使用分月发电量校验，如无法获得以上数据，则按脱硫设施投运月数比与机组在核算期煤炭消耗量进行折算；

η_i——综合脱硫效率，为核算期新投运第 i 个现役机组脱硫设施综合脱硫效率，%；各脱硫工艺的综合脱硫效率按照公式（3-3）的规定取值；

S_i——煤炭平均硫分，为核算期新投运第 i 个现役燃煤脱硫机组 2005 年环境统计数据库中煤炭平均硫分，%；

n——新增现役发电机组建成并投运脱硫设施个数。

（2）上年接转现役机组脱硫设施新增削减量 $R_{电转}$

$$R_{电转}=\sum_{j=1}^{m}M_j\times S_j\times\eta_j\times1.6\times10^{-2} \quad (3\text{-}15)$$

式中：M_j——上（半）年第 j 个现役机组脱硫设施投运而在核算期满负荷运行情况下的煤炭消耗量差额；煤炭消耗差额为现场核查实际数据，应使用分月发电量校验，如无法获得以上数据，则按月份折算；

η_j——综合脱硫效率，为核算期上年接转第 j 个现役机组脱硫设施的综合脱硫效率，%；各脱硫工艺的综合脱硫效率按照公式（3-3）的规定取值；

S_j——煤炭平均硫分，为上年接转第 j 个现役燃煤脱硫机组 2005 年环境统计数据库中煤炭平均硫分，%；

m——上年接转现役发电机组脱硫设施个数。

（3）因发电量增加而形成的新增削减量 $R_{电增}$

$$R_{电增}=\sum_{k=1}^{l}\Delta M_k\times S_k\times\eta_k\times1.6\times10^{-2} \quad (3\text{-}16)$$

式中：ΔM_k——已运行满一年的脱硫机组（包括现役和“十一五”期间投运的脱硫机组），由于新政策实施原因导致煤炭消耗稳定增加（减少）量，如节能环保电量调度、电量交易等导致发电小时数增加，发电量稳定增加（减少）；煤炭消耗增加（减少）量为现场核查实际数据，应有相应政府相关部门文件支持；

η_k——综合脱硫效率，为发电量有变化的第 k 个脱硫机组的综合脱硫效率，%；各脱硫工艺的综合脱硫效率按照公式（3-3）的规定取值；

S_k——煤炭平均硫分，发电量有变化的第 k 个脱硫机组的上年环境统计中煤炭平均硫分，%；

l——核查期已运行满一年且发电量有所增加的脱硫机组个数。

（4）脱硫设施改造新增削减量 $R_{电改}$

脱硫设施技术改造新增削减量主要包括已运行的脱硫设施经过工艺改变（如由原低效简易脱硫和 NID 工艺改造为高效湿法工艺等）、增加高效脱硫设施（如炉内脱硫的循环流化床锅炉增加尾部脱硫装置等）和因设计或煤炭硫分大幅度变化导致原脱硫设施不能稳定达标排放而改造为达标排放，由部分烟气脱硫改为全烟气脱硫等措施，核算公式为：

$$R_{电改} = \sum_{x=1}^{p}(M_x \times S_x \times \eta_x \times 1.6 \times 10^{-2} - R_x) \tag{3-17}$$

式中：R_x——上（半）年环境统计数据库中第 x 台机组脱硫设施的二氧化硫削减量，万吨，包括核查期以前所有投运的机组脱硫设施。上年环境统计数据库中没有削减量的，按产生量与排放量之差计算；

M_x——核算期新改造投运第 x 个燃煤脱硫机组通过 168 小时移交后第二个月算起的核算期内煤炭消耗量，万吨；煤炭消耗量取值参照式（3-14）、式（3-15）和式（3-16）；

η_x——综合脱硫效率，为核算期新改造投运第 x 个机组脱硫设施综合脱硫效率，%。各脱硫工艺的综合脱硫效率按照公式（3-3）的规定取值；

S_x——煤炭平均硫分，为核算期新改造投运第 x 个燃煤脱硫机组上年环境统计数据库中煤炭平均硫分，%；

p——核查期新改造投运的脱硫机组个数。

（5）燃气替代煤炭新增削减量 $R_{电替}$

燃气替代煤炭新增削减量主要指用气体燃料替代发电（供热）锅炉全部或部分用煤（或重油）等方法而减少的二氧化硫排放量。

其中包括所有未安装脱硫设施的燃煤（油）发电机组，不包括燃气发电机组。核算公式为：

$$R_{电替}=\sum_{y=1}^{q}(M_y\times S_{y煤}\times 1.6-Q_y\times S_{y气}\times 2)\times 10^{-2} \quad (3\text{-}18)$$

式中：M_y——第 y 台锅炉被气体燃料替代的煤炭（重油）消耗量，万吨；煤炭消耗量取值参照式（3-14）、式（3-15）和式（3-16），原则上，被替代的煤炭（重油）消耗量以统计数据为准，并按照燃气量等热值替代原煤量（重油）的方法校核。校核公式为：

$$M_y=Q_y\times H_{y气}\times 1.4\times 10^{-3} \quad (3\text{-}19)$$

式中：Q_y——第 y 台锅炉替代用燃气量，万米^3；

$H_{y气}$——第 y 台锅炉替代气体燃料发热值，千克标煤/米^3，以实测为准；无法提供的，取附表 6 中各种燃料的平均热值；

$S_{y煤}$——第 y 台锅炉燃用煤炭的平均硫分，以上年环境统计数据库中的硫分为准；

$S_{y气}$——第 y 台锅炉替代气体燃料硫分，原则上，取值为 0，但使用未脱硫的焦炉煤气或高炉煤气替代时，应考虑硫化氢浓度和转换为二氧化硫系数；

q——燃气替代的锅炉个数。

3．应特别注意的问题

（1）原则上，现役燃煤机组安装脱硫设施新增二氧化硫削减量以 2005 年环境统计数据库中该机组所在电厂平均硫分为准，没有硫分数据的（如企业自备电厂），以现场核查煤炭硫分为准。现场核查时，通过分批次入炉煤质、脱硫系统设计煤质和烟气在线监测系统入口二氧化硫浓度数据分析，确定实际煤炭硫分。

（2）若现场核查某新增脱硫设施的实际煤炭硫分与 2005 年环境统计数据库中平均硫分差别在 20%以上的，新增削减量以 2005 年环境统计数据库中硫分对应的产生量与实际硫分对应的脱硫后排放量的差为准。

（3）2005 年当年建成投运但没有统计二氧化硫排放量或排放量明显低于满负荷运行时排放量的现役机组，核查期建成并运行脱硫设施后，核算新增二氧化硫削减量时可以以核算期上年环境统计数据库数据为准。

（二）烧结机等烟气脱硫工程新增削减量

1．核算新增削减量的原则

（1）纳入上年环境统计重点调查单位名录的黑色冶炼企业的生产工艺采取烟气脱硫工程的，包括炼钢（铁）企业的烧结机和球团炉（链篦机-回转窑、竖炉和带式炉）烟气脱硫、机械铸造企业烧结机烟气脱硫，均核算二氧化硫削减量。削减量自环境保护验收合格的第二个月开始核算。

（2）烧结机烟气脱硫工程应连续稳定运行，新增削减量计算参数以市级以上环保部门监督性监测结果为准，没有监测数据的，按照脱硫系统设计参数核算新增削减量。新增削减量须用烧结矿产量、脱硫设施的用电量、所用药剂的使用量、脱硫副产品的产量等来校核，烧结矿二氧化硫产污系数取 2～16 千克/吨烧结矿。

（3）原则上，新增削减量应小于上年环境统计数据库中企业的排放量。企业有多台烧结机的，应按安装脱硫设施烧结机的生产规模（或烧结机面积）在该企业总生产规模（或总烧结机面积）所占份额与上年度环境统计排放量之积折算。单台烧结机二氧化硫治理工程的新增削减量不能大于治理前的排放量。

（4）烧结机（球团炉）产量变化、原料变化等原因导致烟气二氧化硫排放量增加（减少），不计新增（减）削减量。

2．新增削减量的核算公式

$$R_{工钢}=\sum_{i=1}^{n}(C_{入i}V_{入i}-C_{出i}V_{出i})\times(m_{i当}-m_{i上})\times10^{-10} \quad (3\text{-}20)$$

式中：$C_{入i}$——第 i 台烧结机烟气脱硫系统入口二氧化硫浓度，mg/Nm³；二氧化硫浓度一般在 300～3 000 mg/Nm³，某些地区以国产矿为主要烧结原料的二氧化硫浓度在 2 000～5 000 mg/Nm^3；

$V_{入i}$——第 i 台烧结机脱硫系统入口烟气量，Nm^3/小时；每生产 1 t 烧结矿，烟气量为 3 000～4 300 m^3，按烧结面积计，则为 70～95 m^3/（min•m^2）。脱硫系统只处理部分烟气的，$V_{入}$应以环保部门监测结果为准；

$C_{出i}$——第 i 台烧结机烟气脱硫系统出口二氧化硫浓度，mg/Nm^3；$C_{出}$应以环保部门监测结果为准，脱硫效率需有经验数据验证；

$V_{出i}$——第 i 台烧结机脱硫系统入口烟气量，Nm^3，原则上，$V_{出i}=V_{入i}$；

$m_{i上}$——核查期上年同期第 i 台烧结机脱硫设施运行时间，小时；

$m_{i当}$——核查期第 i 台烧结机脱硫设施运行时间，小时。

（三）工业燃煤锅（窑）炉烟气脱硫工程新增削减量

1. 核算新增削减量的原则

（1）2005 年 12 月 31 日前投产并纳入 2005 年环境统计重点调查单位名录的企业，工业燃煤锅炉建设并运行烟气脱硫工程的，必须安装烟气自动在线监测系统并与市级以上环境保护部门联网，自环保部门验收合格的第二个月开始核算二氧化硫新增削减量。

（2）工业燃煤锅炉烟气脱硫工艺包括石灰石/石膏法、双碱法、氨法、氧化镁法、半干法和列入《国家先进污染防治技术示范名录》和《国家鼓励发展的环境保护技术目录》及其他国家推荐的脱硫技术。换烧低硫煤、燃煤量减少等不计二氧化硫削减量。

2. 新增削减量的公式

$$R_{工锅}=(\sum_{i=1}^{n}M_i\times S_i\times\eta_i+\sum_{j=1}^{m}M_j\times S_j\times\eta_j)\times 1.6\times 10^{-2} \quad (3\text{-}21)$$

式中各个参数选取同式（3-14）和式（3-15）。按照此公式核算新增二氧化硫削减量必须经市级以上环保部门提供的烟气在线监测数据校核。

（四）有色金属冶炼炉烟气脱硫工程新增削减量

1．核算新增削减量的原则

（1）2005 年 12 月 31 日前投产并纳入 2005 年环境统计重点调查单位名录的有色金属企业的各种冶炼炉实施烟气脱硫工程的，自环保部门验收合格的第二个月开始核算二氧化硫新增减排量。

（2）铜、铝、铅、锌、镍、锡、锑、镁、钛、汞十种有色金属的各种冶炼炉（闪速炉、电炉、反射炉、白银炉、鼓风炉等）烟气脱硫工艺必须具有连续稳定的脱硫效果。原有回收硫酸工艺采取一转一吸系统改为两转两吸系统，根据改造设计参数和监督性监测数据，核算新增削减量。

（3）2005 年 12 月 31 日前投产的生产设施与“十一五”期间投产的生产设施（包括原有设施扩能和新建设施）采取烟气混合，而进入同一个脱硫设施处理后排放时，仅核算原有生产线新增二氧化硫削减量。新增削减量应使用副产品（硫酸或亚硫酸钠等）增加的产量校核。

（4）新增削减量应小于环境统计数据库中企业的排放量。企业有多台冶炼炉且没有单台炉环境统计排放数据的，原则上，按实测单台冶炼炉的排放量为准，若无法提供，各冶炼炉的二氧化硫排放量按上年金属产量和产污系数法折算，产污系数按附表 5 取值，单台二氧化硫治理工程的新增削减量不能大于按产污系数法折算出的环境统计排放量。

（5）企业金属产量变化、原料变化等原因导致烟气二氧化硫排放量变化的，不计算新增削减量。

2．核算新增削减量公式

$$R_{工色}=\sum_{i=1}^{n}(C_{入i}V_{入i}-C_{出i}V_{出i})\times(m_{i当}-m_{i上})\times10^{-10} \quad (3\text{-}22)$$

式中各参数符号的选取同公式（3-20）。

（五）炼焦炉煤气脱硫工程新增削减量

1．核算新增削减量的原则

（1）2005 年 12 月 31 日前投产并纳入 2005 年环境统计重点调

查单位名录炼焦企业实施焦炉煤气脱硫的，自脱硫设施经市级以上环保部门验收合格日的第二个月开始核算二氧化硫新增削减量。

（2）炼焦炉煤气脱硫工艺包括 HPF 法、PDS 法、AS 法、改良 A.D.A 法、塔-希法、FRC 法、真空碳酸盐法等方法。其脱硫效率按照环保部门实际监测数据为准。

（3）新增削减量应小于 2005 年环境统计数据库中企业的排放量。企业有多座炼焦炉且没有单台炉环境统计排放数据的，各炼焦炉的二氧化硫排放量按焦炭产量和产污系数法折算，产污系数按 4.7 千克二氧化硫/吨焦取值；单座炼焦炉脱硫工程的新增削减量不能大于根据环境统计，按产污系数法折算出的排放量。

（4）企业焦炭产量变化、原料变化等原因导致二氧化硫排放量变化的，不核算新增削减量。

（5）热装热出清洁型焦炉余热锅炉烟气脱硫工程新增减排量核算可参照锅炉烟气脱硫设施核算方法实施。新增削减量包括核算期新投产和上年接转的脱硫设施形成的削减量。

2．核算新增削减量公式

$$R_{工焦} = R_{焦新} + R_{焦转} \tag{3-23}$$

式中：$R_{焦新}$——核算期新投运炼焦炉煤气脱硫设施新增削减量，万吨；

$R_{焦转}$——上（半）年炼焦炉煤气脱硫设施投运而在核算期满负荷运行情况新增削减量，万吨。

（1）新投运炼焦炉煤气脱硫设施新增削减量 $R_{焦新}$

$$R_{电新} = \sum_{i=1}^{n} M_i \times S_i \times \eta_i \times 0.6 \times 10^{-2} \tag{3-24}$$

式中：M_i——核算期新投运第 i 个炼焦炉煤气脱硫设施通过市级以上环保部门验收合格后第二个月算起的入炉煤消耗量，万吨；如炉煤消耗量优先采用现场核查实际数据并根据焦炭产量校核：入炉煤消耗量一般为焦炭产量乘以 1.33，应有分月入炉煤消耗量和焦炭产量支持；

η_i——综合脱硫效率，为核算期新投运第 i 个煤气脱硫设施综合脱硫效率，η_i=95%；

S_i——入炉煤平均硫分，为核算期现场核查入炉煤的平均加权硫分，%，并提供入炉煤的洗煤厂名单；

n——新增脱硫设施个数。

（2）接转炼焦炉煤气脱硫设施新增削减量 $R_{焦转}$

$$R_{电转} = \sum_{j=1}^{m} M_j \times S_j \times \eta_j \times 0.6 \times 10^{-2} \qquad (3\text{-}25)$$

式中：M_j——上（半）年第 j 个炼焦炉煤气脱硫设施投运而在核算期满负荷运行情况下的入炉煤消耗量差额，即核算期满负荷运行情况下的入炉煤消耗量与上年同期脱硫设施运行期间的入炉煤消耗量的差额，万吨；入炉煤消耗差额为现场核查实际数据，并根据焦炭产量校核：入炉煤消耗量为焦炭产量乘以 1.33，应有上年和当年分月入炉煤消耗量和焦炭产量支持；

η_j、S_j——同公式（3-24）；

m——上年接转炼焦炉煤气脱硫设施个数。

（3）新增削减量的校核

炼焦炉新增煤气脱硫设施（包括当年投运和上年接转）新增削减量在现场核查时应通过下列公式校核。

$$R_{工焦i} = (C_{入i}V_{入i} - C_{出i}V_{出i}) \times (\gamma_i - \gamma_{i上}) \times \frac{64}{34} \times 10^{-9} \qquad (3\text{-}26)$$

式中：$C_{入i}$——第 i 座焦炉煤气脱硫系统入口 H_2S 浓度，mg/Nm^3；

$V_{入i}$——第 i 座焦炉煤气脱硫系统入口煤气流量，Nm^3/h；

$C_{出i}$——第 i 座焦炉煤气脱硫系统出口 H_2S 浓度，mg/Nm^3；

$V_{出i}$——第 i 座焦炉煤气脱硫系统出口煤气流量，Nm^3/h；

γ_i——第 i 座焦炉煤气脱硫设施核算期运行小时数，h/a；

$\gamma_{i上}$——第 i 座焦炉煤气脱硫设施上年同期运行小时数，h/a。

H_2S 浓度主要来自环保部门的验收报告；煤气流量以焦炉煤气流量计显示结果为准，并参考物料平衡参数进行复核（每生产 1 吨干焦炭产生煤气量 400～500 m^3）；运行小时数以焦炉煤气脱硫设施岗位实际运行记录为准，并参考脱硫设施耗电量进行复核。

公式（3-26）与式（3-24）和式（3-25）的计算结果有差异时，按取小值原则取值作为单套煤气脱硫设施的新增削减量。

（六）非电煤改气工程新增削减量

1．核算新增削减量原则

天然气、煤层气、沼气、炼厂干气、煤气和高炉煤气等清洁燃料部分或全部替代原有燃煤（油）设施而新增的削减量，核算原则为：

（1）按照新增清洁燃料消耗量等热值原则核算替代原煤量。各地清洁燃料发热值优先采用测试数据，没有测试数据按附表 6 热值取值。

（2）被替代的原煤硫分按照所在城市或企业煤炭平均硫分取值。

（3）2005 年以前投产并纳入环境统计重点调查单位名录的原油炼制和炼焦企业，煤气安装脱硫设施并替代原煤的，既核算煤气脱硫新增削减量，也核算替代原煤而导致的新增削减量。“十一五”期间投产企业（包括原有企业扩能和新建企业）脱硫措施部分不核算其新增削减量，只核算替代原煤新增削减量。

2．核算新增削减量公式

清洁燃料替代燃煤（油）设施而新增的削减量核算公式为：

$$R_{工改}=\sum_{i=1}^{m}M_{煤i}\times S_i\times 1.6\times 10^{-2} \tag{3-27}$$

式中：$M_{煤i}$——第 i 个燃煤设施燃气替代的煤炭量，万吨；

S_i——第 i 个燃煤设施燃气替代的煤炭平均硫分，若企业内部替代，其硫分按 2005 年环境统计数据库中企业燃料煤硫分取值，没有环境统计数据的地区平均硫分取值。

（七）石化企业产品脱硫及硫黄回收工程新增削减量

1．核算新增削减量的原则

石化行业脱硫及硫黄回收工程新增削减量指由于石油、化工企业的炼化装置实施脱硫和硫黄回收工程，降低了重油和石油焦等产品的硫分，使该企业内部以其新产品为燃料的设施二氧化硫排放量的减少量。按照以下原则核算：

（1）2005 年 12 月 31 日前投产并纳入环境统计重点调查单位名录的石油化工企业的生产装置实施脱硫和硫黄回收工程的，核算新增二氧化硫削减量。“十一五”期间投产企业（包括原有企业扩能和新建企业）采取脱硫和硫黄回收工程减少的二氧化硫排放量不核算新增削减量。

（2）核算用参数原则上以在线监测数据为准，核算结果须用物料衡算法进行校核。

（3）新增削减量应小于 2005 年环境统计数据库中企业的排放量。

2．核算新增削减量公式

$$R_{工炼}=M\times\Delta S\times\alpha\times(1-\eta)\times10^{-2} \quad (3\text{-}28)$$

式中：M——脱硫及硫黄回收工程后的重油和石油焦用于替代本厂燃煤（重油、石油焦）的量，万吨；

ΔS——脱硫及硫黄回收工程前后重油和石油焦硫分差，%；

α——重油和石油焦中硫转化为二氧化硫释放系数，1.9～2.0；

η——厂内原设施已运行的脱硫设施脱硫效率。

实施脱硫和硫黄回收工程的企业须提交相应资料在省级环保部门逐一审查和督查中心现场核查基础上，报送国家环保总局最终审定。

（八）其他工程新增削减量

其他生产过程（如玻璃、硫酸生产、石灰等窑炉）脱硫的新增削减量，根据不同情况分别处理。应提交脱硫系统设计书、市级以上环保部门的监测报告。

二、结构调整新增二氧化硫削减量

结构调整新增削减量，主要是指在核算期企业关停排放二氧化硫的生产线、工艺和设备形成的削减量。

1．核算新增削减量的原则

（1）淘汰、关闭企业及生产设施（含破产企业）的认定要提供相应具有法律效力的文件，如当地政府的关闭文件、关停小火电确认书、企业破产文件、吊销营业执照文件、环境监察部门的监察记录等实证性的证明材料。表明企业工艺和设备必须是永久性关停并有具体关停时间，必须停止工业用水、工业用电，应当提供有关照片。原则上，各级政府颁布的关停计划中提出的拟议淘汰关停时间不作为关停与否和具体关停时间确认的主要依据。

（2）纳入上年环境统计重点调查单位名录的企业，按环境统计排放量核算新增削减量。关停部分生产线和生产设备没有环境统计数据的，根据整个企业环境统计排放量通过物料衡算法按排污系数和上年产品产量折算新增削减量。

（3）核算期当年关停的，从实际关停的第二个月起按关停月数和上年环境统计排放量核算新增削减量；核算期上年关停但不满一年的，按未关停的月数核算新增削减量。政府或相关管理部门下发的文件中企业淘汰关停时间或地方上报材料的关停时间与核查不一致时，以核查确定的实际关停时间为准。

（4）“十一五”期间投产（包括原有企业扩能和新建），后又被取缔关停的企业、设施，不核算新增削减量。

（5）自然停产或减产的企业，如无明确的能够认定企业无法恢复生产的有效证明文件，不核算其新增削减量；处于停产治理、限期治理期间的企业一律不核算新增削减量，待企业完成治理恢复正常生产后再根据治理设施运行情况，按照治理工程减排核算方法核算新增削减量。

（6）关停主要涉水行业的企业、生产工艺、设备（如小造纸、小化工、小印染等），同步关停的燃煤设施，根据设施实际排放强度与该地区平均排放强度之差计算削减量，并一次性结清。

（7）没有纳入上年环境统计重点调查单位名录的企业，按排污系数法核算新增削减量（详见附表 5）。各关停项目新增削减量一律按实际削减量的 50%核算，但核算期关停项目削减量合计不能高于本地区上年度非重点污染源排放量的 10%。核算期当年关停和上年关停的，应列出名单、投产时间、生产能力和上年产量。凡经确认在核算期关停的，新增削减量一次性结清，不做跨年度核算（上年度关停的不再核算新增削减量）。

（8）凡在核算期已经确认的取缔关停企业、设施全部进入减排项目数据库并公布，企业通过更换名称、关停后再生产或没有该企业的、重复关停的等。经群众举报、新闻媒体曝光，现场核查被查出时，予以通报批评，并按照相关规定进行处理。

2．新增削减量核算公式

$$R_{结构}=R_{结电}+R_{交易}+R_{结钢}+R_{同关}+R_{结其他} \tag{3-29}$$

式中：$R_{结电}$——关停小煤电机组新增削减量，万吨；

$R_{交易}$——小机组与大机组电量交易新增削减量，万吨；

$R_{结钢}$——关停有烧结机的小钢铁新增削减量，万吨；

$R_{同关}$——同步关停涉水行业燃煤锅炉新增削减量，万吨；

$R_{结其他}$——关停其他落后产能（如有色冶炼、建材、炼油等）新增削减量，万吨。

（一）关停小火电机组新增削减量

淘汰小火电机组，是指永久关闭的机组及动力装置，以国家发展和改革委员会公布的关停机组的名称、装机容量和日期为准。因调峰、检修等原因导致二氧化硫排放量自然减少的不核算新增削减量；对于热电联产机组，发电机组关闭但仍然供热的，不核算新增削减量。关停燃气和柴油机组不核算新增削减量。

永久关闭的小火电机组，依当年发电量或耗煤量与上年的变化确定当年该机组新增削减量，单台小火电机组关停全年新增量核算公式为：

$$R_{结电}=(G_{上年}-G_{当年})/G_{上年}\times E_{上年} \tag{3-30}$$

或 $$R_{结电}=(12-m_{关})/12\times E_{上年} \tag{3-31}$$

式中：$m_{关}$——关停小火电的月份；

$E_{上年}$——关停小火电机组上年环境统计数据库中的二氧化硫排放量，万吨；

$G_{当年}$、$G_{上年}$——分别为关停机组核算期当年和上年的燃料消耗量，万吨；如果没有燃料消耗量数据，则用发电量折算。发电厂有多台发电机组而无法逐台分开排放量、燃料消耗量和发电量的，关停小火电机组的排放量按下列公式估算：

$$E_{上年}=Cap\times h_{上年}\times\gamma\times1.4\times S\times1.6\times10^{-9} \tag{3-32}$$

式中：Cap——关停小火电机组装机容量，兆瓦；

$h_{上年}$——关停小火电机组上年同期发电小时数，小时；上年已关停的，用隔年发电小时数；

γ——关停小火电机组的平均发电煤耗，克标煤/千瓦时；

S——2005 年环境统计数据库中全厂煤炭平均硫分，%。

（二）发电量交易新增削减量

因发电量交易导致小火电机组发电量减少，核算新增二氧化硫削减量。

核算时需要提供小机组与大机组进行电量交易的电厂名称、机组号、电量交易额度、实施日期和政府批准文件。如在公式（3-16）已经核算的，不再核算新增量。

新增 SO_2 削减量核算公式为：

$$\begin{aligned}R_{交易}=E_{小机}-E_{大机}=[G_{交易}\times\gamma_{小}\times S_{小}-G_{交易}\times\gamma_{大}\times S_{大}\\ \times(1-\eta_{大})]\times1.4\times1.6\times10^{-4}\end{aligned} \tag{3-33}$$

式中：$R_{交易}$——小机组与大机组电量交易新增削减量，万吨；

$E_{小机}$——小机组交易出电量对应的二氧化硫排放量，万吨；

$E_{大机}$——大机组接收同等电量对应的二氧化硫排放量，万吨；

$G_{交易}$——大机组与小机组交易的发电量，亿千瓦时；

$\gamma_{小}$、$\gamma_{大}$——分别为小火电机组和大机组的平均发电煤耗，克标煤/千瓦时；

$S_{小}$、$S_{大}$——分别为小火电机组和大机组 2005 年环境统计数据库中全厂煤炭平均硫分，%；如果小火电机组电量交易到当年新投产燃煤机组中，大机组的煤炭硫分按公式（3-3）取值；

$\eta_{大}$——大机组的平均脱硫效率，按公式（3-3）取值。如果发电量交易到没有脱硫设施的大机组中，$\eta_{大}$按 100%取值。

（三）关停小钢铁新增削减量

关停、淘汰小钢铁，包括关闭小炼铁、小铸铁和小炼钢炉等。关闭小钢铁，凡烧结机、炼焦炉并同步关停的，核算新增削减量；只淘汰烧结机、炼焦炉，而不关闭高炉和炼钢炉的，也核算新增削减量。只关闭小高炉、熔铸炉、炼钢炉（转炉和电炉）的，不核算新增削减量。

关停小钢铁依当年粗铁产量或烧结料产量与上年同期的变化和排污系数确定当年新增削减量，关停小钢铁全年新增量核算公式为：

$$R_{结钢} = (G_{上年} - G_{当年}) / G_{上年} \times E_{上年} \tag{3-34}$$

式中：$E_{上年}$——上年同期关停小钢铁环境统计数据库的二氧化硫排放量，万吨；钢铁厂（铸造厂）有多个烧结机而无法逐台分开排放量的，关停烧结机的排放量按烧结机规模（产量），按附表 5 排污系数取值；

$G_{当年}$、$G_{上年}$——分别为当年和上年关停烧结机核算期的烧结料产量，万吨；烧结料须用粗铁产量校核，1 吨粗铁需要 1.5～2.0 吨烧结料。

在核算上年同期关停的小钢铁在当年新增削减量，按月份折算。

（四）关停涉水企业同步拆毁燃煤设施新增削减量

关停主要涉水行业的企业、生产工艺、设备（如小造纸、小化工、小印染等），同步关停的燃煤设施，按照第二章确认的名单核算新增削减量，削减量按该设施的二氧化硫排放系数与该地区非电平均排放强度之差计算削减量，并一次性结清。

$$R_{同关}=(q_{工锅}-q_{非电})/q_{工锅}\times E_{上年} \quad (3\text{-}35)$$

式中：$R_{同关}$——同步关停涉水企业燃煤设施新增削减量，万吨；

$q_{非电}$——上年关停企业所在地区的非电排放强度，吨二氧化硫/吨煤；按公式（3-6）的原则取值；

$q_{工锅}$——同步关停涉水企业燃煤设施的排放系数，吨二氧化硫/吨煤；

$E_{上年}$——同步关停涉水企业上年环境统计数据库中二氧化硫排放量，吨。

（五）淘汰其他落后产能新增削减量

淘汰其他落后产能，包括炼焦炉、水泥窑、有色金属冶炼炉等，新增削减量按公式（3-34）核算。企业有多个炉窑关停，各炉窑关停新增削减量按产量排污系数法及企业环境统计排放量进行折算，排污系数按附表 5 取值。全国污染源普查结果公布后，排污系数统一调整。

三、加强监督管理新增二氧化硫削减量

通过加强监督管理新增削减量。包括循环流化床锅炉内脱硫增加在线监测、提高脱硫设施运行率、清洁生产审核并实施其方案等方法新增的削减量。

原则上需按总局要求，完成全省（区、市）国控重点污染源在线安装任务，并与环保部门联网，方予确认管理减排量。

（一）循环流化床锅炉内脱硫实施在线监测确认的新增削减量

纳入 2005 年环境统计重点调查单位名录企业的循环流化床发电机组，“十一五”期间安装在线监测系统并与省级环保部门联网

的，核算新增削减量，新增削减量按照在线监测数据和 2005 年环境统计数据库中二氧化硫排放量的差值计算削减量。其计算公式为：

$$R_{流化床} = E_{2005} \times m_{运行} / 12 - E_{在线} \tag{3-36}$$

式中：$R_{流化床}$——实施在线监测确认的削减量；

E_{2005}——循环流化床锅炉 2005 年环境统计排放量，万吨，一个电厂中包括循环流化床锅炉发电机组和其他机组的，按装机容量比与全厂 2005 年环境统计排放量之积确定；

$m_{运行}$——安装在线装置第二个月起的运行月份数；

$E_{在线}$——核算期在线装置的实测累计排放量，万吨。

（二）脱硫设施提高运行率新增削减量

安装烟气在线监控装置并与省级环保部门联网，通过提高脱硫设施的全烟气运行率，核算其新增削减量，其核算方法参照治理工程新增二氧化硫削减量的核算，其中脱硫效率按在线监测数据得出的脱硫效率和公式（3-3）的脱硫效率之差计算。

以上结果必须在省级环保部门监控系统能够查证，并有旁路烟气流量监测数据、能够确认稳定提高整体脱硫效率。

（三）进行清洁生产审核并实施其方案形成的新增削减量

清洁生产形成的减排部分，仅包括因实施清洁生产审核报告中提出的中高费方案而形成的稳定减排能力。

其核算方法参照治理工程新增二氧化硫削减量的核算，但其原材料消耗、进出口浓度、吸收率等主要参数，采用清洁生产审核方案实施前后的差值。两者不得重复计算。

各项参数取值以省级环保部门或清洁生产相关行政主管部门的评审、验收报告为依据，强制性清洁生产审核部分以达标排放为核算依据，并按照《“十一五”主要污染物总量减排核查办法（试行）》的程序现场核查后的数据为准。

第三节 火电行业二氧化硫排放量的校核

《国务院关于"十一五"期间全国主要污染物排放总量控制计划的批复》（国函[2006]70 号）已经明确要求火电行业二氧化硫排放总量到2010年控制在951.7万吨，火电行业完成削减任务是实现全国"十一五"二氧化硫总量削减 10%目标的关键。"十一五"期间，燃煤机组大规模安装脱硫设施，小火电机组大量关闭，机组电量交易和节能发电调度开始实行以及安装烟气在线监控系统等一系列措施，将确保火电行业二氧化硫排放总量达到控制目标。同时，分机组二氧化硫排放量将发生大幅度变化。

为达到火电行业二氧化硫排放总量的宏观核算方法与微观统计方法结合，明确电厂排放量的增加或降低，达到两种方法交叉印证的目的，各省（自治区、直辖市）应建立火电行业分机组二氧化硫排放数据库。核算期火电行业新增二氧化硫削减量，用当年与上年同期分机组二氧化硫排放数据校核。校核结果优先作为火电行业核算新增二氧化硫削减量。

一、分机组二氧化硫排放量校核原则

1．火电行业包括当年运行全口径火力（燃煤、油、气）发电企业，包括常规电厂、自备电厂、煤矸石电厂和热电联产电厂。全口径火力发电企业分机组二氧化硫排放数据应参照环年基表 1-2（火电企业污染排放及处理利用情况），必须明确各电厂名称、机组标号、投产年月、装机容量、发电量（供热量）、发电标准煤耗、燃料消耗量（热电联产机组包括发电和供热合计的燃料消耗量）、燃料硫分、脱硫工艺、脱硫设施通过 168 小时移交的月份和二氧化硫排放量。

2．辖区内当年和上年各机组累计的火力装机容量、发电量（供热量）和增长速度须与统计部门公布当年火力装机容量、发电量（供热量）和增长速度相同，否则核算二氧化硫削减量仍采用宏观核算方法。火力装机容量包括当年运行和备用燃煤、燃油和燃气发电机

组的装机容量，重点是燃煤机组，关停机组在当年有发电量的纳入统计，数据主要来源电力生产主管部门；火力发电量数据主要来源于电厂的生产报表和电力调度部门统计数据。

3．原则上，2005 年环境统计数据库中燃煤机组已经有的二氧化硫削减量，在计算当年该机组的排放量时，其削减量保持不变。

4．发电机组煤炭硫分原则上应与上年环境统计数据库中电厂的硫分保持一致，当年与上年煤炭硫分差别超过 20%以上的，应有分批次入炉煤质资料验证。当年新建成投运和上年接转的燃煤脱硫机组煤炭硫分取值原则参照公式（3-3）和公式（3-13）。同一发电厂内各机组的煤炭硫分相同。若发现有人为调低煤炭硫分的电厂，则该地区核算二氧化硫削减量仍采用宏观核算方法。

5．脱硫设施不正常运行增加的二氧化硫排放量按公式（3-10）计算。

6．同一发电厂有不同类型的发电机组（燃煤、燃油、燃气并存）和不同规格的机组（装机容量不同）时，无法提供分机组的发电量、煤炭消耗量和二氧化硫排放量的，按各机组发电装机容量与全厂总装机容量比折算。

二、分机组二氧化硫排放量校核公式

1．无脱硫设施的发电（供热）机组

依当年发电量（供热量）或耗煤量与上年同期的发电量（供热量）或耗煤量变化情况，确定当年该机组二氧化硫排放量公式为：

$$E_{当年} = G_{当年} / G_{上年} \times E_{上年} \tag{3-37}$$

式中：$E_{当年}$、$E_{上年}$——无脱硫设施发电（供热）机组在当年和上年的二氧化硫排放量，万吨；

$G_{当年}$、$G_{上年}$——同一台发电机组当年和上年的煤炭消耗量（万吨）或发电量（亿千瓦时），热电联产机组须用煤炭消耗量。

没有上年煤炭消耗量或发电量的发电机组（包括发电主体设备

当年投产但脱硫设施滞后下年投运的机组），确定当年该机组二氧化硫排放量公式为：

$$E_{当年}=G_{当年}\times S\times 1.6 \tag{3-38}$$

式中：S——当年的煤炭平均硫分；

1.6——煤炭硫分转化为二氧化硫的系数，全国污染源普查结果公布后，按统一的转换系数调整。

2．脱硫设施上年已经运行的机组

当年二氧化硫排放量公式为：

$$E_{当年}=G_{当年}\times S\times 1.6\times(1-\eta) \tag{3-39}$$

式中：$E_{当年}$——脱硫机组当年的二氧化硫排放量，万吨；

$G_{当年}$——脱硫机组当年的煤炭消耗量（包括发电和供热两部分煤炭消耗量），万吨；

S和η——分别为脱硫机组在当年的煤炭平均硫分和综合脱硫效率，取值原则参照式（3-3）和式（3-13）。

3．脱硫设施当年投运的机组

（1）脱硫设施当年投运的现役机组，当年二氧化硫排放量公式为：

$$E_{当年}=G_{当年}\times S\times 1.6\times(1-\eta)\times\frac{m_{FGD}}{12}+G_{当年}\times S\times 1.6\times\frac{12-m_{FGD}}{12} \tag{3-40}$$

式中：m_{FGD}——机组脱硫设施通过 168 小时移交后运行的月数；如果能提供分月份的发电量或煤炭消耗量，则分月计算二氧化硫排放量，而不用m_{FGD}参数。其他参数同公式（3-39）。

（2）发电主体设备和脱硫设施均当年投产但脱硫滞后的机组，当年二氧化硫排放量公式为：

$$E_{当年}=G_{当年}\times S\times 1.6\times(1-\eta)\times\frac{m_{FGD}}{m_{ON}}+G_{当年}\times S\times 1.6\times\frac{m_{ON}-m_{FGD}}{m_{ON}}$$

（3-41）

式中：m_{ON}——发电机组全年运行的月数，其他参数同公式（3-38）。

（3）脱硫设施与发电机组同步运行的机组，当年二氧化硫排放量公式为：

$$E_{当年} = G_{当年} \times S \times 1.6 \times (1-\eta) \quad (3\text{-}42)$$

参数同公式（3-39）。

4．炉内脱硫的循环流化床发电机组

2005 年环境统计数据库中已经有二氧化硫削减量循环流化床发电机组，在计算当年该机组的排放量时，其削减量保持不变。“十一五”期间新投产的循环流化床发电机组，单机装机容量大于 20 万千瓦（含）或享受脱硫电价的其他规模循环流化床锅炉（炉内加石灰石脱硫工艺）为 70%～80%，按公式（3-42）确定当年二氧化硫排放量；其他循环流化床锅炉已与省级以上环保部门联网，且提供在线监测数据，按在线监测结果确定数据确定二氧化硫排放量，否则按产生量统计排放量，按公式（3-36）确定当年二氧化硫排放量。

5．当年关闭的小火电机组

当年关闭的纯发电机组，按公式（3-37）确定当年二氧化硫排放量；当年关闭发电设施但仍供热的热电联产机组，按公式（3-38）确定当年二氧化硫排放量；当年关闭有脱硫设施的机组，按上年环境统计数据库的排放量折算。

附录六

清洁生产标准目录

（中华人民共和国环境保护行业标准、清洁生产技术标准
截止到2008年12月）

序号	标准名称	标准编号
1	石油炼制业	HJ/T 125—2003
2	炼焦行业	HJ/T 126—2003
3	制革行业（猪轻革）	HJ/T 127—2003
4	啤酒制造业	HJ/T 183—2006
5	实用植物油工业（豆油和豆粉）	HJ/T 184—2006
6	纺织业（棉印染）	HJ/T 185—2006
7	甘蔗制糖业	HJ/T 186—2006
8	电解铝业	HJ/T 187—2006
9	氮肥制造业	HJ/T 188—2006
10	钢铁行业	HJ/T 189—2006
11	基本化学原料制造业（环氧乙烷/乙二醇）	HJ/T 190—2006
12	汽车制造业（涂装）	HJ/T 293—2006
13	铁矿采选业	HJ/T 294—2006
14	电镀行业	HJ/T 314—2006
15	人造板行业（中密度纤维板）	HJ/T 315—2006
16	乳制品制造业（纯牛乳及全脂乳粉）	HJ/T 316—2006
17	造纸工业（漂白碱法蔗渣浆生产工艺）	HJ/T 317—2006
18	钢铁行业（中厚板轧钢）	HJ/T 318—2006
19	造纸工业（漂白化学烧碱法麦草浆生产工艺）	HJ/T 339—2007
20	造纸工业（硫酸盐化学木浆生产工艺）	HJ/T 340—2007
21	电解铝行业	HJ/T 357—2007
22	镍选矿行业	HJ/T 358—2007

序号	标准名称	标准编号
23	化纤行业（氨纶）	HJ/T 359—2007
24	彩色显像（示）管生产	HJ/T 360—2007
25	平板玻璃行业	HJ/T 361—2007
26	烟草加工业	HJ/T 401—2007
27	白酒制造业	HJ/T 402—2007
28	制订技术导则	HJ/T 425—2008
29	钢铁行业（烧结）	HJ/T 426—2008
30	钢铁行业（高炉炼铁）	HJ/T 427—2008
31	钢铁行业（炼钢）	HJ/T 428—2008
32	化纤行业（涤纶）	HJ/T 429—2008
33	电石行业	HJ/T 430—2008
34	石油炼制业（沥青）	HJ 443—2008
35	味精工业	HJ 444—2008
36	淀粉工业（玉米淀粉）	HJ 445—2008
37	煤炭采选业	HJ 446—2008
38	铅蓄电池工业	HJ 447—2008
39	制革工业（牛轻革）	HJ 448—2008
40	合成革工业	HJ 449—2008
41	印制电路板制造业	HJ 450—2008
42	葡萄酒制造业	HJ 452—2008

附录七

各种能源折标准煤参考系数

能源名称	平均低位发热量	折标准煤系数
原煤	20 908 千焦（5 000 千卡）/千克	0.714 3 千克标准煤/千克
洗精煤	26 344 千焦（6 300 千卡）/千克	0.900 0 千克标准煤/千克
洗中煤	8 363 千焦（2 000 千卡）/千克	0.285 7 千克标准煤/千克
煤泥	8 363～12 545 千焦（2 000～3 000 千卡）/千克	0.285 7～0.428 6 千克标准煤/千克
焦炭	28 435 千焦（6 800 千卡）/千克	0.971 4 千克标准煤/千克
原油	41 816 千焦（10 000 千卡）/千克	1.428 6 千克标准煤/千克
燃料油	41 816 千焦（10 000 千卡）/千克	1.428 6 千克标准煤/千克
汽油	43 070 千焦（10 300 千卡）/千克	1.471 4 千克标准煤/千克
煤油	43 070 千焦（10 300 千卡）/千克	1.471 4 千克标准煤/千克
柴油	42 652 千焦（10 200 千卡）/千克	1.457 1 千克标准煤/千克
液化石油气	50 179 千焦（12 000 千卡）/千克	1.714 3 千克标准煤/千克
炼厂干气	46 055 千焦（11 000 千卡）/千克	1.571 4 千克标准煤/千克
天然气	38 931 千焦（9 310 千卡）/米^3	1.330 0 千克标准煤/米^3
焦炉煤气	16 726～17 981 千焦（4 000～4 300 千卡）/米^3	0.571 4～0.614 3 千克标准煤/米^3
发生炉煤气	5 227 千焦（1 250 千卡）/米^3	0.178 6 千克标准煤/米^3
重油催化裂解煤气	19 235 千焦（4 600 千卡）/米^3	0.657 1 千克标准煤/米^3
重油热裂解煤气	35 544 千焦（8 500 千卡）/米^3	0.214 3 千克标准煤/米^3
焦炭制气	16 308 千焦（3 900 千卡）/米^3	0.557 1 千克标准煤/米^3
压力气化煤气	15 054 千焦（3 600 千卡）/米^3	0.514 3 千克标准煤/米^3
水煤气	10 454 千焦（2 500 千卡）/米^3	0.357 1 千克标准煤/米^3
煤焦油	33 453 千焦（8 000 千卡）/千克	1.142 9 千克标准煤/千克
粗苯	41 816 千焦（10 000 千卡）/千克	1.428 6 千克标准煤/千克

能源名称	平均低位发热量	折标准煤系数
热力（当量）	—	0.034 12 千克标准煤/百万焦耳（0.142 86 千克标准煤/1 000 千卡）
电力（当量）	3 596 千焦（860 千卡）/千瓦时	0.122 9 千克标准煤/千瓦时
电力（等价）	按当年火电发电标准煤耗计算	—
人粪	18 817 千焦（4 500 千卡）/千克	0.643 千克标准煤/千克
牛粪	13799 千焦（3 300 千卡）/千克	0.471 千克标准煤/千克
猪粪	12 545 千焦（3 000 千卡）/千克	0.429 千克标准煤/千克
羊、驴、马、骡粪	15 472 千焦（3 700 千卡）/千克	0.529 千克标准煤/千克
鸡粪	18 817 千焦（4 500 千卡）/千克	0.643 千克标准煤/千克
大豆秆、棉花秆	15 890 千焦（3 800 千卡）/千克	0.543 千克标准煤/千克
稻秆	12 545 千焦（3 000 千卡）/千克	0.429 千克标准煤/千克
麦秆	14 635 千焦（3 500 千卡）/千克	0.500 千克标准煤/千克
玉米秆	15 472 千焦（3 700 千卡）/千克	0.529 千克标准煤/千克
杂草	13 799 千焦（3 300 千卡）/千克	0.471 千克标准煤/千克
树叶	14 635 千焦（3 500 千卡）/千克	0.500 千克标准煤/千克
薪柴	16 726 千焦（4 000 千卡）/千克	0.571 千克标准煤/千克
沼气	20 908 千焦（5 000 千卡）/米^3	0.714 千克标准煤/米^3

参考文献

[1] 国家环境保护局．企业清洁生产审计手册．北京：中国环境科学出版社，1996．

[2] 国家环境保护总局科技标准司．清洁生产审计培训教材．北京：中国环境科学出版社，2001．

[3] 刘青松．清洁生产与 ISO 14000．北京：中国环境科学出版社，2003．

[4] 国家经贸委资源节约与综合利用司．清洁生产知识丛书——企业清洁生产审核指南．北京：中国检察出版社，2000．

[5] 段宁．加快构建国家三级体系，推动重点企业清洁生产审核．中国环境报，2009．